KB087168

연산을 잡아야 수학이 쉬워진다!

기적의 중학연산

3B

3A

Ⅰ. 제곱근과 실수
Ⅱ. 제곱근을 포함한 식의 계산
Ⅲ. 다항식의 곱셈
Ⅳ. 다항식의 인수분해

Ⅴ. 이차방정식
Ⅵ. 이차함수의 그래프 (1)
Ⅶ. 이차함수의 그래프 (2)

기적의 중학연산 3B

초판 발행 2019년 12월 20일
초판 9쇄 2023년 4월 14일

지은이 기적학습연구소
발행인 이종원
발행처 길벗스쿨
출판사 등록일 2006년 6월 16일
주소 서울시 마포구 월드컵로 10길 56(서교동)
대표 전화 02)332-0931 | **팩스** 02)333-5409
홈페이지 www.gilbutschool.co.kr | **이메일** gilbut@gilbut.co.kr

기획 및 책임 편집 이선정(dinga@gilbut.co.kr)
제작 이준호, 손일순, 이진혁 | **영업마케팅** 문세연, 박다슬 | **웹마케팅** 박달님, 정유리, 윤승현
영업관리 김명자, 정경화 | **독자지원** 윤정아, 최희창 | **편집진행 및 교정** 이선정, 최은희
표지 디자인 정보라 | **표지 일러스트** 김다예 | **내지 디자인** 정보라
전산편집 보문미디어 | **CTP 출력·인쇄** 영림인쇄 | **제본** 영림제본

ISBN 979-11-88991-84-6 54410
(길벗 도서번호 10661)
정가 10,000원

머리말

초등학교 땐 수학 좀 한다고 생각했는데, 중학교에 들어오니 갑자기 어렵나요?

숫자도 모자라 알파벳이 나오질 않나, 어려워서 쩔쩔매는 내 모습에 부모님도 당황하시죠.
어쩌다 수학이 어려워졌을까요?

게임을 한다고 생각해 보세요. 매뉴얼을 열심히 읽는다고 해서, 튜토리얼 한 판 한다고 해서 끝판 왕이 될 수 있는 건 아니에요. 다양한 게임의 룰과 변수를 이해하고, 아이템도 활용하고, 여러 번 연습해서 내공을 쌓아야 비로소 만렙이 되는 거죠.
중학교 수학도 똑같아요. 개념을 이해하고, 손에 딱 붙을 때까지 여러 번 연습해야만 어떤 문제든 거뜬히 해결할 수 있어요.

알고 보면 수학이 갑자기 어려워진 게 아니에요. 단지 어렵게 '느낄' 뿐이죠. 꼭 연습해야 할 기본을 건너뛴 채 곧장 문제부터 해결하려 덤벼들면 어렵게 느끼는 게 당연해요.

자, 이제부터 중학교 수학의 1레벨부터 차근차근 기본기를 다져 보세요. 정확하게 개념을 이해한 다음, 충분히 손에 익을 때까지 연습해야겠죠? 지겹고 짜증나는 몇 번의 위기를 잘 넘기고 나면 어느새 최종판에 도착한 자신을 보게 될 거예요.
기본부터 공부하는 것이 당장은 친구들보다 뒤처지는 것 같더라도 걱정하지 마세요. 나중에는 실력이 쑥쑥 늘어서 수학이 쉽고 재미있게 느껴질 테니까요.

길벗스쿨 기적학습연구소

3단계 다면학습으로 다지는 중학 수학

'소인수분해'의 다면학습 3단계

❶단계 | 직관적 이미지 형성

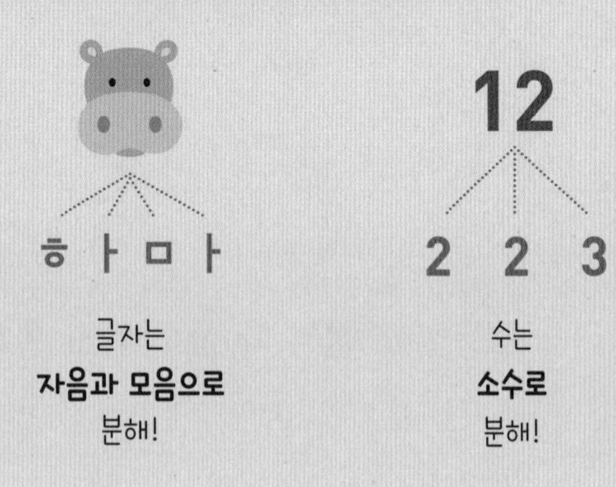

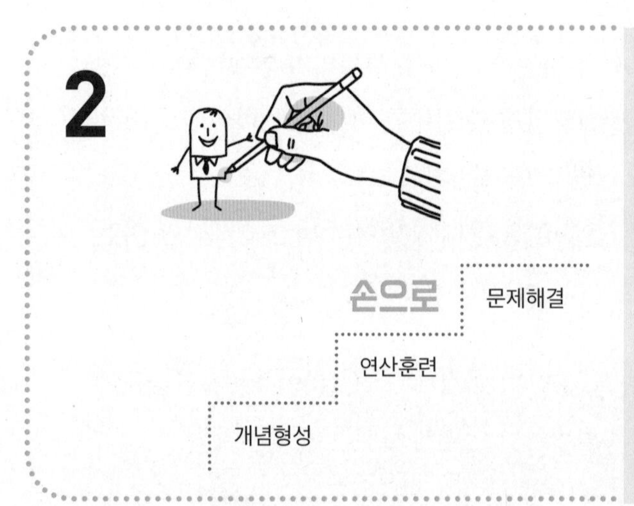

❷단계 | 수학적 개념 확립

소인수분해의 수학적 정의

: 1보다 큰 자연수를 소인수만의 곱으로 나타내는 것

12를 소인수분해하면?

$$12=2\times2\times3=2^2\times3$$

소인수 소인수

❸단계 | 개념의 적용 활용

12에 자연수 a를 곱하여 **어떤 자연수의 제곱**이 되도록 할 때, 가장 작은 자연수 a의 값을 구하시오.

step1 12를 소인수분해한다. → $12=2^2\times3$

step2 소인수 3의 지수가 1이므로 12에 3를 곱하면 $2^2\times3\times3=2^2\times3^2=36$으로 6의 제곱이 된다. 따라서 a=3이다.

눈으로 보고, 손으로 익히고, 머리로 적용하는 3단계 다면학습을 통해 직관적으로 이해한 개념을 수학적 언어로 표현하고 사용하면서 중학교 수학의 기본기를 다질 수 있습니다.

'사랑'이란 단어를 처음 들으면 어떤 사람은 빨간색 하트를, 또 다른 누군가는 어머니를 머릿속에 떠올립니다. '사랑'이란 단어에 개인의 다양한 경험과 사유가 더해지면서 구체적이고 풍부한 개념이 형성되는 것입니다.

그런데 학문적인 용어에 대해서는 직관적인 이미지를 무시하는 경향이 있습니다. 여러분은 '소인수분해'라는 단어를 들으면 어떤 이미지가 떠오르나요? 머릿속이 하얘지고 복잡한 수식만 둥둥 떠다니지 않나요? 바로 떠오르는 이미지가 없다면 아직 소인수분해의 개념이 제대로 형성되지 않은 것입니다. 소인수분해를 '소인수만의 곱으로 나타내는 것'이라는 딱딱한 설명으로만 접하면 수를 분해하는 원리를 이해하기 어렵습니다. 그러나 한글의 자음, 모음과 같이 기존에 알고 있던 지식과 비교하면서 시각적으로 이해하면 수의 구성을 직관적으로 이해할 수 있습니다. 이렇게 이미지화 된 개념을 추상적이고 논리적인 언어적 개념과 연결시키면 입체적인 지식 그물망을 형성할 수 있습니다.

눈으로만 이해한 개념은 아직 완전하지 않습니다. 스스로 소인수분해의 개념을 잘 이해했다고 생각해도 정확한 수학적 정의를 반복하여 적용하고 다루지 않으면 오개념이 형성되기 쉽습니다.

<소인수분해에서 오개념이 불러오는 실수>

$12 = 3\times4$ (✕) ← 4는 합성수이다. **$12 = 1\times2^2\times3$ (✕) ← 1은 소수도 합성수도 아니다.**

하나의 지식이 뇌에 들어와 정착하기까지는 여러 번 새겨 넣는 고착화 과정을 거쳐야 합니다. 이때 손으로 문제를 반복해서 풀어야 개념이 완성되고, 원리를 쉽게 이해할 수 있습니다. 소인수분해를 가지치기 방법이나 거꾸로 나눗셈 방법으로 여러 번 연습한 후, 자기에게 맞는 편리한 방법을 선택하여 자유자재로 풀 수 있을 때까지 훈련해야 합니다. 문제를 해결할 수 있는 무기를 만들고 다듬는 과정이라고 생각하세요.

개념과 연산을 통해 훈련한 내용만으로 활용 문제를 척척 해결하기는 어렵습니다. 그 내용을 어떻게 문제에 적용해야 할지 직접 결정하고 해결하는 과정이 남아 있기 때문입니다.

제곱인 수를 만드는 문제에서 첫 번째로 수행해야 할 것이 바로 소인수분해입니다. 앞에서 제대로 개념을 형성했다면 문제를 읽으면서 "수를 분해하여 구성 요소부터 파악해야만 제곱인 수를 만들기 위해 모자라거나 넘치는 것을 알 수 있다."라는 사실을 깨달을 수 있습니다.

실제 시험에 출제되는 문제는 이렇게 개념을 활용하여 한 단계를 거쳐야만 비로소 답을 구할 수 있습니다. 제대로 개념이 형성되어 있으면 문제를 접했을 때 어떤 개념이 필요한지 파악하여 적재적소에 적용하면서 해결할 수 있습니다. 따라서 다양한 유형의 문제를 접하고, 필요한 개념을 적용해 풀어 보면서 문제 해결 능력을 키우세요.

구성 및 학습설계 : 어떻게 볼까요?

1단계 눈으로 보는 VISUAL IDEA

문제 훈련을 시작하기 전 가벼운 마음으로 읽어 보세요.
나무가 아니라 숲을 보아야 해요. 하나하나 파고들어 이해하기보다 위에서 내려다보듯 전체를 머릿속에 담아서 나만의 지식 그물망을 만들어 보세요.

2단계 손으로 익히는 ACT

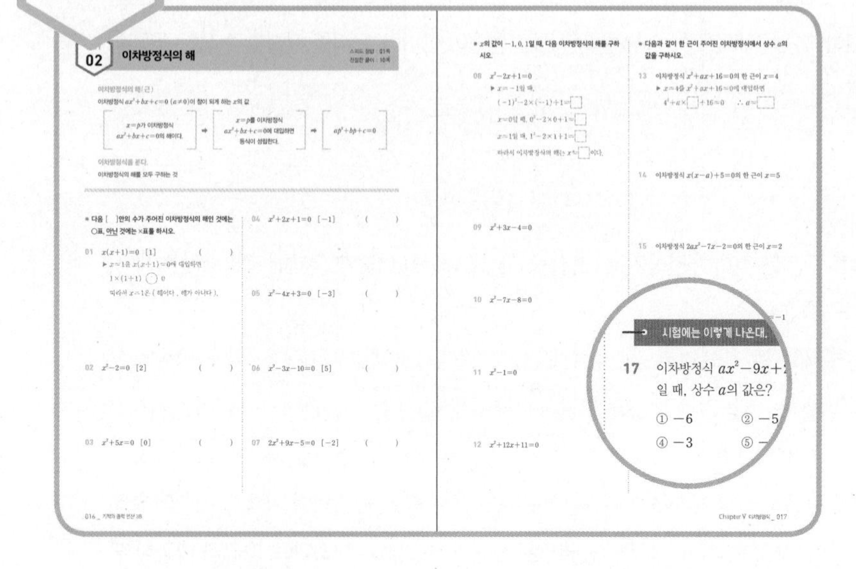

개념을 꼼꼼히 읽은 후 손에 익을 때까지 문제를 반복해서 풀어요.
완전히 이해될 때까지 쓰고 지우면서 풀고 또 풀어 보세요.

시험에는 이렇게 나온대.

학교 시험에서 기초 연산이 어떻게 출제되는지 알 수 있어요. 모양은 다르지만 기초 연산과 똑같이 풀면 되는 문제로 구성되어 있어요.

3단계 머리로 적용하는 ACT+

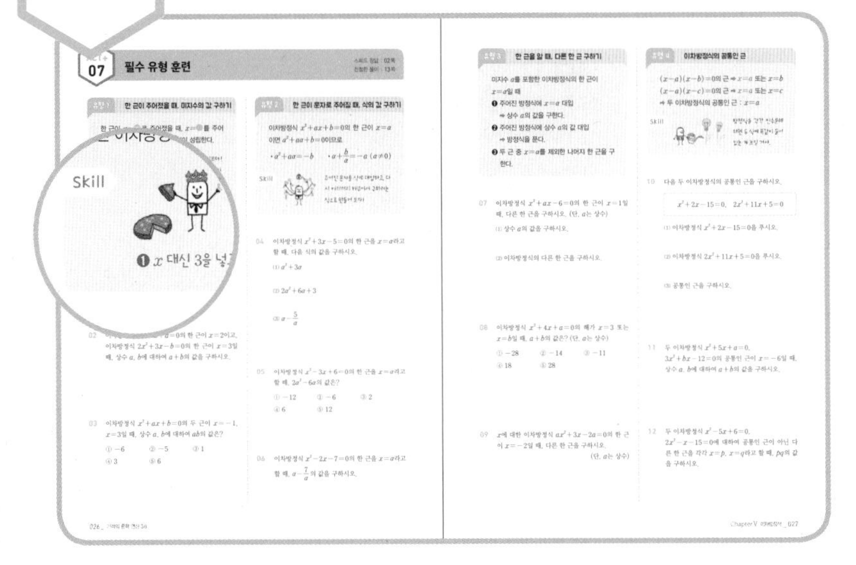

기초 연산 문제보다는 다소 어렵지만 꼭 익혀야 할 유형의 문제입니다. 차근차근 따라 풀 수 있도록 설계되어 있으므로 개념과 Skill을 적극 활용하세요.

Skill

문제 풀이의 tip을 말랑말랑한 표현으로 알려줍니다. 딱딱한 수식보다 효과적으로 유형을 이해할 수 있어요.

Test 단원 평가

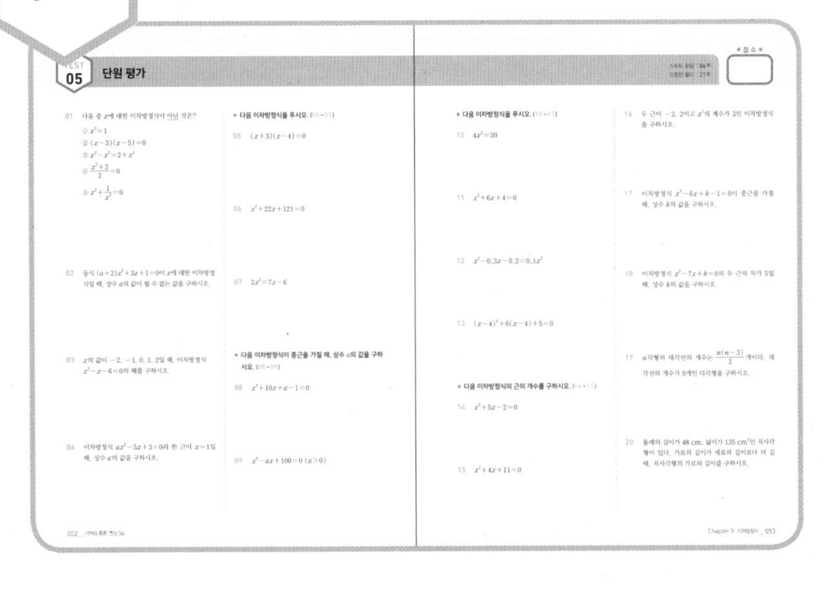

점수도 중요하지만, 얼마나 이해하고 있는지를 아는 것이 더 중요해요.
배운 내용을 꼼꼼하게 확인하고, 틀린 문제는 앞의 **ACT**나 **ACT+**로 다시 돌아가 한번 더 연습하세요.

목차와 스케줄러

Chapter V 이차방정식

VISUAL IDEA 01 이차방정식 012
ACT 01 일차방정식 / 이차방정식 014
ACT 02 이차방정식의 해 016
ACT 03 이차방정식의 풀이 1 018
ACT 04 이차방정식의 풀이 2 020
ACT 05 이차방정식의 풀이 3 022
ACT 06 이차방정식의 풀이 4 024
ACT+ 07 필수 유형 훈련 026
VISUAL IDEA 02 근의 공식 028
ACT 08 이차방정식의 근의 공식 1 030
ACT 09 이차방정식의 근의 공식 2 032
ACT 10 복잡한 이차방정식의 풀이 1 034
ACT 11 복잡한 이차방정식의 풀이 2 036
ACT 12 이차방정식의 근의 개수 038
ACT 13 이차방정식 구하기 040
ACT+ 14 필수 유형 훈련 042
ACT+ 15 필수 유형 훈련 044
ACT+ 16 필수 유형 훈련 046
ACT+ 17 필수 유형 훈련 048
ACT+ 18 필수 유형 훈련 050
TEST 05 단원 평가 052

Chapter VI 이차함수의 그래프(1)

VISUAL IDEA 03 이차함수 056
ACT 19 일차함수 / 일차함수의 그래프 058
ACT 20 이차함수 060
ACT 21 이차함수 $y=x^2$의 그래프 / 이차함수 $y=ax^2$의 그래프 062
ACT 22 이차함수 $y=ax^2$의 그래프의 성질 064
VISUAL IDEA 04 이차함수의 평행이동 066
ACT 23 이차함수 $y=ax^2+q$의 그래프 068
ACT 24 이차함수 $y=a(x-p)^2$의 그래프 070
ACT 25 이차함수 $y=a(x-p)^2+q$의 그래프 072
ACT 26 이차함수의 그래프의 종합 1 074
ACT 27 이차함수의 그래프의 종합 2 076
ACT+ 28 필수 유형 훈련 078
ACT+ 29 필수 유형 훈련 080
TEST 06 단원 평가 082

Chapter VII 이차함수의 그래프(2)

VISUAL IDEA 05 이차함수 $y=ax^2+bx+c$의 그래프 086
ACT 30 이차함수 $y=ax^2+bx+c$의 그래프 088
ACT 31 이차함수 $y=ax^2+bx+c$의 그래프 그리기 090
ACT 32 이차함수 $y=ax^2+bx+c$에서 a, b, c의 부호 092
ACT+ 33 필수 유형 훈련 094
ACT 34 이차함수의 식 구하기 1, 2 096
ACT 35 이차함수의 식 구하기 3, 4 098
ACT+36 필수 유형 훈련 100
TEST 07 단원 평가 102

"하루에 공부할 양을 정해서, 매일매일 꾸준히 풀어요."

일주일에 5일 동안 공부하는 것을 목표로 합니다. 공부할 날짜를 적고, 일정을 지킬 수 있도록 노력하세요.

ACT 01	ACT 02	ACT 03	ACT 04	ACT 05	ACT 06
월 일	월 일	월 일	월 일	월 일	월 일
ACT+ 07	ACT 08	ACT 09	ACT 10	ACT 11	ACT 12
월 일	월 일	월 일	월 일	월 일	월 일
ACT 13	ACT+ 14	ACT+ 15	ACT+ 16	ACT+ 17	ACT+ 18
월 일	월 일	월 일	월 일	월 일	월 일
TEST 05	ACT 19	ACT 20	ACT 21	ACT 22	ACT 23
월 일	월 일	월 일	월 일	월 일	월 일
ACT 24	ACT 25	ACT 26	ACT 27	ACT+ 28	ACT+ 29
월 일	월 일	월 일	월 일	월 일	월 일
TEST 06	ACT 30	ACT 31	ACT 32	ACT+ 33	ACT 34
월 일	월 일	월 일	월 일	월 일	월 일
ACT 35	ACT+ 36	TEST 07			
월 일	월 일	월 일			

?
기적의 중학연산

Chapter V

이차방정식

keyword

이차방정식, 이차방정식의 해와 풀이,

근의 공식, 이차방정식의 근의 개수

VISUAL IDEA 1

이차방정식

Ⓥ 이차방정식 "미지수에 대한 이차식"

▶ 이차방정식

방정식의 모든 항을 좌변으로 이항하여 정리한 식이
(x에 대한 이차식)=0 꼴로 나타나는 방정식을
x에 대한 이차방정식이라고 한다.

a, b, c는 실수

$$ax^2+bx+c=0 \quad (단, a\neq0)$$

이차항 일차항 상수항

▶ 이차방정식을 푼다

'이차방정식을 푼다.'는 건 $ax^2+bx+c=0$(단, $a\neq0$)을
참이 되게 만드는 미지수 x의 값을 구한다는 뜻이야.
이때 구한 x의 값을 이차방정식의 **해** 또는 **근**이라고 해.

Ⓥ AB=0 "둘 중 하나만 0이어도 된다!"

이차방정식은 인수분해하여 AB=0 꼴로 만들 수 있다.

$$A\times B=0$$

A=0, B≠0	A=0, B=0	A≠0, B=0

➡ **'AB=0이면 A=0 또는 B=0'**

Ⓐ 이차방정식의 풀이법

▶ 인수분해 이용하기

$$x^2+7x+10=0$$

인수분해
합이 +7, 곱이 +10이 되는 두 수 : +2, +5

$$\underbrace{(x+2)}_{A}\underbrace{(x+5)}_{B}=0$$

AB=0이면
A=0 또는 B=0

$x+2=0$ 또는 $x+5=0$

$\therefore\ x=-2$ 또는 $x=-5$

(완전제곱식)=0 꼴로 인수분해되면?
답이 하나, 즉 중근!

$$x^2+6x+9=0$$

인수분해
$a^2+2ab+b^2$
$=(a+b)^2$

$$(x+3)^2=0$$

식이 하나뿐이므로
$x+3=0$

$$\therefore\ x=-3$$

제곱근을 이용한다면?
±루트로 나타내기!

$$4(x-5)^2=8$$

$$(x-5)^2=2$$

$(x+p)^2=q\ (q\geq 0)$
$\Rightarrow x+p=\pm\sqrt{q}$

$$x-5=\pm\sqrt{2}$$

$$\therefore\ x=5\pm\sqrt{2}$$

▶ 완전제곱식과 제곱근 활용하기

x에 대한 부분을 먼저 완전제곱식으로 만들고, 제곱근의 정의($■^2=a \to ■=\pm\sqrt{a}$)를 이용하여 해를 구한다.

$$x^2+4x-6=0$$

상수항을 우변으로

$$x^2+4x\quad=6$$

양변에 $\left\{\dfrac{(\text{일차항의 계수})}{2}\right\}^2$ 더하기

$$x^2+4x+4=6+4$$

완전제곱식 만들기

$$(x+2)^2=10$$

제곱근을 이용하기

$$x+2=\pm\sqrt{10}$$

$$\therefore\ x=-2\pm\sqrt{10}$$

ACT 01

일차방정식

일차방정식

등식의 우변에 있는 모든 항을 좌변으로 이항하여 정리한 식이

(x에 대한 일차식) = 0
즉, $ax+b=0$ $(a\neq0)$

꼴로 나타나는 방정식을 x에 대한 일차방정식이라고 한다.

일차방정식의 풀이

일차방정식은 다음과 같은 순서로 푼다.

❶ 미지수 x를 포함하는 항은 좌변으로, 상수항은 우변으로 이항한다.

❷ 양변을 정리하여 $ax=b$ $(a\neq0)$ 꼴로 만든다.

❸ 양변을 x의 계수 a로 나누어 $x=(수)$ 꼴로 해를 구한다.

＊ 다음 중 일차방정식인 것에는 ○표, 아닌 것에는 ×표를 하시오.

01 $x+5=1$ (　　)

02 $x^2-2=5x$ (　　)

03 $3x-8$ (　　)

04 $4x-20=4(x-5)$ (　　)

05 $7-x=x(x+1)$ (　　)

06 $x^2-5x=x^2+4$ (　　)

＊ 다음 일차방정식을 푸시오.

07 $x+3=7$

08 $-x+2=-5$

09 $3x-1=5$

10 $15-4x=x$

11 $4x+1=2x-7$

12 $-5x-3=-3x+1$

이차방정식

스피드 정답 : 01쪽
친절한 풀이 : 10쪽

등식의 우변에 있는 모든 항을 좌변으로 이항하여 정리한 식이

(x에 대한 이차식) = 0

꼴로 나타나는 방정식을 x에 대한 이차방정식이라고 한다.

이차방정식
➡ $ax^2+bx+c=0\ (a\neq 0)$

※ 다음 중 이차방정식인 것에는 ○표, 아닌 것에는 ×표를 하시오.

13 $x^3+x^2+x=0$ (　　　)

14 $2x-x-2=0$ (　　　)

15 $0=10x^2-5x$ (　　　)

모든 항을 좌변으로 이항해서 정리하면
(x에 대한 이차식)$=0$
꼴이 되는지 확인하자.

16 $(x-5)^2=3x$ (　　　)

▶ 모든 항을 좌변으로 이항하여 정리하면

x^2- ☐ $x+$ ☐ $=0$

17 $x^2=(x-4)(x+4)$ (　　　)

※ 다음 등식이 x에 대한 이차방정식이 되도록 하는 상수 a의 조건을 구하시오.

18 $ax^2+3x=0$

▶ x^2의 계수는 0이 아니어야 하므로 $a\neq$ ☐

19 $(a-1)x^2+4x-6=0$

▶ x^2의 계수는 0이 아니어야 하므로

☐ $\neq 0$　　$\therefore a\neq$ ☐

20 $(3a-1)x^2+7x-2=0$

시험에는 이렇게 나온대.

21 다음 중 $(ax-2)(x+8)=3x^2-4$가 x에 대한 이차방정식이 되도록 하는 상수 a의 값이 아닌 것은?

① -3　　② -1　　③ 0
④ 1　　⑤ 3

ACT 02

이차방정식의 해

스피드 정답 : 01쪽
친절한 풀이 : 10쪽

이차방정식의 해(근)

이차방정식 $ax^2+bx+c=0$ $(a\neq0)$이 참이 되게 하는 x의 값

$x=p$가 이차방정식 $ax^2+bx+c=0$의 해이다. ➡ $x=p$를 이차방정식 $ax^2+bx+c=0$에 대입하면 등식이 성립한다. ➡ $ap^2+bp+c=0$

이차방정식을 푼다.

이차방정식의 해를 모두 구하는 것

* 다음 [ ]안의 수가 주어진 이차방정식의 해인 것에는 ○표, 아닌 것에는 ×표를 하시오.

01 $x(x+1)=0$ [1] ( )

▶ $x=1$을 $x(x+1)=0$에 대입하면

$1\times(1+1)$ ◯ 0

따라서 $x=1$은 (해이다 , 해가 아니다).

02 $x^2-2=0$ [2] ( )

03 $x^2+5x=0$ [0] ( )

04 $x^2+2x+1=0$ [-1] ( )

05 $x^2-4x+3=0$ [-3] ( )

06 $x^2-3x-10=0$ [5] ( )

07 $2x^2+9x-5=0$ [-2] ( )

* x의 값이 $-1, 0, 1$일 때, 다음 이차방정식의 해를 구하시오.

08 $x^2-2x+1=0$

▶ $x=-1$일 때,

$(-1)^2-2\times(-1)+1=\square$

$x=0$일 때, $0^2-2\times0+1=\square$

$x=1$일 때, $1^2-2\times1+1=\square$

따라서 이차방정식의 해는 $x=\square$이다.

09 $x^2+3x-4=0$

10 $x^2-7x-8=0$

11 $x^2-1=0$

12 $x^2+12x+11=0$

* 다음과 같이 한 근이 주어진 이차방정식에서 상수 a의 값을 구하시오.

13 이차방정식 $x^2+ax+16=0$의 한 근이 $x=4$

▶ $x=4$를 $x^2+ax+16=0$에 대입하면

$4^2+a\times\square+16=0$ $\therefore a=\square$

14 이차방정식 $x(x-a)+5=0$의 한 근이 $x=5$

15 이차방정식 $2ax^2-7x-2=0$의 한 근이 $x=2$

16 이차방정식 $x^2+5ax-6=0$의 한 근이 $x=-1$

시험에는 이렇게 나온대.

17 이차방정식 $ax^2-9x+2=0$의 한 근이 $x=-2$일 때, 상수 a의 값은?

① -6 ② -5 ③ -4
④ -3 ⑤ -2

ACT 03

이차방정식의 풀이 1 _인수분해

스피드 정답 : 01쪽
친절한 풀이 : 11쪽

$AB=0$의 성질

두 수 또는 두 식 A, B에 대하여 다음이 성립한다.

AB = 0 이면 A = 0 또는 B = 0

예 $(x-1)(x-2)=0$이면 $x-1=0$ 또는 $x-2=0$

$\therefore x=1$ 또는 $x=2$

참고 $A=0$ 또는 $B=0$은 다음 세 가지 경우 중 하나가 성립함을 의미한다.

- $A=0,\ B\neq 0$
- $A\neq 0,\ B=0$
- $A=0,\ B=0$

인수분해를 이용한 이차방정식의 풀이

❶ 주어진 이차방정식을 정리한다.

$$ax^2+bx+c=0\ (a>0)$$

❷ 좌변을 인수분해한다.

$$a(px-q)(rx-s)=0$$

❸ $AB=0$의 성질을 이용한다.

$$px-q=0 \text{ 또는 } rx-s=0$$

❹ 이차방정식의 해를 구한다.

$$x=\frac{q}{p} \text{ 또는 } x=\frac{s}{r}$$

*** 다음 중 $AB=0$인 경우인 것에는 ○표, 아닌 것에는 ×표를 하시오.**

01 $A=0,\ B=0$ ( )

02 $A=2,\ B=0$ ( )

03 $A=-1,\ B=1$ ( )

04 $A=0,\ B=-3$ ( )

*** 다음 이차방정식을 푸시오.**

05 $x(x-1)=0$

▶ $x(x-1)=0$이면 $x=$ □ 또는 $x-1=$ □

$\therefore x=$ □ 또는 $x=$ □

06 $(x+2)(x-3)=0$

07 $(x+5)(x-5)=0$

08 $(4x+1)(3x-1)=0$

* 다음 이차방정식을 인수분해를 이용하여 푸시오.

09 $x^2-16=0$ $a^2-b^2=(a+b)(a-b)$

▶ $(x+4)(x-4)=0$

$x+4=0$ 또는 $x-4=0$

$\therefore x=$ ☐ 또는 $x=$ ☐

10 $x^2+7x+6=0$

$x^2+(a+b)x+ab$
$=(x+a)(x+b)$

11 $x^2-x-12=0$

12 $x^2+10x=0$

$ma+mb=m(a+b)$

13 $x^2+4x-5=0$

14 $x^2-3x=10$

15 $2x^2+7x-15=0$

$acx^2+(ad+bc)x+bd$
$=(ax+b)(cx+d)$

16 $3x^2-5x-2=0$

17 $6x^2-13x+6=0$

18 $5x^2-2x-7=0$

19 $9x^2-3x-2=0$

시험에는 이렇게 나온대.

20 다음 중 이차방정식 $(x+5)(x-2)=0$의 해는?

① $x=-5$ 또는 $x=-2$

② $x=-5$ 또는 $x=2$

③ $x=5$ 또는 $x=-2$

④ $x=5$ 또는 $x=2$

⑤ $x=0$ 또는 $x=\frac{5}{2}$

ACT 04

이차방정식의 풀이 2 _중근

스피드 정답 : 01쪽
친절한 풀이 : 11쪽

이차방정식의 중근

이차방정식의 두 해가 중복되어 서로 같을 때, 이 해를 주어진 이차방정식의 중근이라고 한다.

예 이차방정식 $x^2-2x+1=0$ —(인수분해)→ $(x-1)^2=0$ —(해(근))→ $x=1$

중근을 가질 조건

이차방정식이 (완전제곱식)$=0$ 꼴로 나타나면 중근을 갖는다.

참고 이차방정식 $x^2+ax+b=0$이 중근을 가지려면 좌변이 완전제곱식이어야 하므로

$$x^2+ax+b=x^2+2\times x\times\frac{a}{2}+\left(\frac{a}{2}\right)^2 \qquad \therefore b=\left(\frac{a}{2}\right)^2 \leftarrow (\text{상수항})=\left\{\frac{(x\text{의 계수})}{2}\right\}^2$$

---

* 다음 이차방정식을 푸시오.

01 $(x-2)^2=0$

02 $(3x+1)^2=0$

03 $x^2+2x+1=0$

▶ $(x+1)^2=0 \quad \therefore x=$ ☐

04 $x^2-12x+36=0$

05 $x^2+18x+81=0$

06 $64x^2-16x+1=0$

▶ $(8x-1)^2=0 \quad \therefore x=$ ☐

07 $4x^2-12x+9=0$

08 $49x^2+28x+4=0$

* 다음 이차방정식이 중근을 가질 때, 상수 a의 값을 구하시오.

09 $x^2+4x+a=0$

▶ $x^2+4x+a=0$에서

$a=\left(\frac{\square}{2}\right)^2=\square$

10 $x^2-16x+a=0$

11 $x^2+2x+a-1=0$

12 $x^2-4x+a+6=0$

13 $x^2-6x+3a=0$

14 $x^2-24x+6a=0$

* 다음 이차방정식이 중근을 가질 때, 양수 a의 값을 구하시오.

15 $x^2-ax+4=0$

▶ $\left(\frac{-a}{2}\right)^2=4$이므로 $a^2=\square$

$\therefore a=\square$ ($\because a>0$)

16 $x^2-ax+49=0$

17 $x^2+2ax+100=0$

18 $x^2-3ax+36=0$

시험에는 이렇게 나온대.

19 다음 중 이차방정식 $x^2-2ax+121=0$이 중근을 갖도록 하는 상수 a의 값은?

① -9 ② -5 ③ 5
④ 7 ⑤ 11

ACT 05

이차방정식의 풀이 3 _제곱근

스피드 정답 : 01쪽
친절한 풀이 : 12쪽

이차방정식 $x^2=k$ $(k\geq0)$의 해

➡ $x=\pm\sqrt{k}$

예 $x^2=2$에서 $x=\pm\sqrt{2}$

이차방정식 $(x+p)^2=q$ $(q\geq0)$의 해

➡ $x+p=\pm\sqrt{q}$ $\quad\therefore x=-p\pm\sqrt{q}$

예 $(x-3)^2=6$에서 $x-3=\pm\sqrt{6}$

$\therefore x=3\pm\sqrt{6}$

＊ 다음 이차방정식을 제곱근을 이용하여 푸시오.

01 $x^2=5$

02 $x^2=7$

03 $x^2=9$

04 $x^2=10$

05 $x^2=12$

06 $x^2=20$

07 $2x^2=8$

▶ $2x^2=8$의 양변을 $\square$로 나누면

$x^2=\square$ $\quad\therefore x=\pm\square$

08 $3x^2=75$

09 $5x^2=30$

10 $6x^2=42$

11 $3x^2=24$

12 $7x^2=84$

13 $(x-2)^2=5$

▶ $(x-2)^2=5$에서 $x-2=\pm\sqrt{\square}$

$\therefore x=\square\pm\sqrt{\square}$

14 $(x+4)^2=3$

15 $(x+7)^2=20$

16 $(x-1)^2=4$

▶ $(x-1)^2=4$에서 $x-1=\pm\square$

$\therefore x=\square$ 또는 $x=\square$

17 $(x+5)^2=16$

18 $(x-6)^2=49$

19 $3(x+1)^2=6$

▶ $3(x+1)^2=6$의 양변을 $\square$으로 나누면

$(x+1)^2=\square$, $x+1=\pm\sqrt{\square}$

$\therefore x=\square\pm\sqrt{\square}$

20 $5(x-4)^2=35$

21 $8(x+9)^2=24$

22 $2(x-3)^2=32$

▶ $2(x-3)^2=32$의 양변을 $\square$로 나누면

$(x-3)^2=\square$, $x-3=\pm\square$

$\therefore x=\square$ 또는 $x=\square$

23 $6(x+5)^2=54$

24 $3(x-7)^2=12$

ACT 06

이차방정식의 풀이 4 _완전제곱식

스피드 정답 : 02쪽
친절한 풀이 : 12쪽

이차방정식의 좌변을 인수분해할 수 없을 때는 완전제곱식의 꼴로 바꾸어 계산한다.

❶ 양변을 이차항의 계수로 나눈다.

❷ 상수항을 우변으로 이항한다.

❸ 양변에 $\left\{\dfrac{(\text{일차항의 계수})}{2}\right\}^2$을 더한다.

❹ 좌변을 완전제곱식으로 고친다.

❺ 제곱근을 이용하여 해를 구한다.

예 $2x^2+12x-20=0$
$x^2+6x-10=0$ (x^2의 계수로 나누기)
$x^2+6x=10$ (상수항 이항)
$x^2+6x+\left(\dfrac{6}{2}\right)^2=10+\left(\dfrac{6}{2}\right)^2$ ($\left\{\dfrac{(x\text{의 계수})}{2}\right\}^2$ 더하기)
$(x+3)^2=19$ ((완전제곱식)=(상수) 꼴로 고치기)
$x+3=\pm\sqrt{19}$ (제곱근 이용)
$\therefore\ x=-3\pm\sqrt{19}$ (해 구하기)

* 다음은 주어진 이차방정식을 $(x-p)^2=q$ 꼴로 나타내는 과정이다. □ 안에 알맞은 수를 쓰시오.

01 $x^2+4x-2=0$

➡ $x^2+4x=2$
$x^2+4x+\square=2+\square$
$\therefore\ (x+\square)^2=\square$

먼저 이차항의 계수를 1로 만들자.

02 $3x^2-6x-6=0$

➡ $x^2-\square x-\square=0$
$x^2-\square x=\square$
$x^2-\square x+\square=\square+\square$
$\therefore\ (x-\square)^2=\square$

* 다음 이차방정식을 $(x-p)^2=q$ 꼴로 나타내시오.

03 $x^2-6x+5=0$

04 $x^2+8x-3=0$

05 $5x^2-20x-5=0$

06 $4x^2-40x+8=0$

07 $6x^2+12x-24=0$

＊ 다음 이차방정식을 완전제곱식을 이용하여 푸시오.

08 $x^2-2x-5=0$

▶ $x^2-2x-5=0$에서

$x^2-2x=5$ (상수항 이항)

$x^2-2x+\square=\square$ ($\left\{\frac{(x의\ 계수)}{2}\right\}^2$ 더하기)

$(x-\square)^2=\square$ ((완전제곱식)=(상수) 꼴로 고치기)

$x-\square=\pm\sqrt{\square}$ (제곱근 이용)

$\therefore x=\square\pm\sqrt{\square}$ (해 구하기)

09 $x^2+8x+3=0$

10 $x^2-12x-1=0$

11 $x^2-6x-4=0$

12 $x^2+10x+3=0$

13 $2x^2+8x+4=0$

▶ $2x^2+8x+4=0$에서

$x^2+\square x+\square=0$ (x^2의 계수로 나누기)

$x^2+\square x=\square$ (상수항 이항)

$x^2+\square x+\square=\square$ ($\left\{\frac{(x의\ 계수)}{2}\right\}^2$ 더하기)

$(x+\square)^2=\square$ ((완전제곱식)=(상수) 꼴로 고치기)

$x+\square=\pm\sqrt{\square}$ (제곱근 이용)

$\therefore x=\square\pm\sqrt{\square}$ (해 구하기)

14 $3x^2-18x+3=0$

15 $6x^2+12x-6=0$

16 $4x^2-32x+16=0$

17 $7x^2-14x-1=0$

ACT+ 07

필수 유형 훈련

스피드 정답 : 02쪽
친절한 풀이 : 13쪽

유형 1 한 근이 주어졌을 때, 미지수의 값 구하기

한 근이 $x=$●로 주어졌을 때, $x=$●를 주어진 이차방정식에 대입하면 등식이 성립한다.

Skill

근이 주어지면 일단 대입부터!
$x^2-ax+3=0$의 한 근이 $x=3$이면
❶ x 대신 3을 넣고, ❷ a에 대한 방정식을 풀자.

유형 2 한 근이 문자로 주어질 때, 식의 값 구하기

이차방정식 $x^2+ax+b=0$의 한 근이 $x=\alpha$이면 $\alpha^2+a\alpha+b=0$이므로

• $\alpha^2+a\alpha=-b$ • $\alpha+\dfrac{b}{\alpha}=-a$ $(\alpha\neq0)$

Skill

주어진 문자를 식에 대입하고, 다시 이리저리 바꾸어서 구하려는 식으로 만들어 보자!

01 이차방정식 $3x^2-2ax+a+3=0$의 한 근이 $x=-1$일 때, 상수 a의 값은?

① -3 ② -2 ③ -1
④ 1 ⑤ 2

02 이차방정식 $4x^2-x+a=0$의 한 근이 $x=2$이고, 이차방정식 $2x^2+3x-b=0$의 한 근이 $x=3$일 때, 상수 a, b에 대하여 $a+b$의 값을 구하시오.

03 이차방정식 $x^2+ax+b=0$의 두 근이 $x=-1$, $x=3$일 때, 상수 a, b에 대하여 ab의 값은?

① -6 ② -5 ③ 1
④ 3 ⑤ 6

04 이차방정식 $x^2+3x-5=0$의 한 근을 $x=\alpha$라고 할 때, 다음 식의 값을 구하시오.

(1) $\alpha^2+3\alpha$

(2) $2\alpha^2+6\alpha+3$

(3) $\alpha-\dfrac{5}{\alpha}$

05 이차방정식 $x^2-3x+6=0$의 한 근을 $x=\alpha$라고 할 때, $2\alpha^2-6\alpha$의 값은?

① -12 ② -6 ③ 2
④ 6 ⑤ 12

06 이차방정식 $x^2-2x-7=0$의 한 근을 $x=\alpha$라고 할 때, $\alpha-\dfrac{7}{\alpha}$의 값을 구하시오.

유형 3 한 근을 알 때, 다른 한 근 구하기

미지수 a를 포함한 이차방정식의 한 근이 $x=\alpha$일 때

❶ 주어진 방정식에 $x=\alpha$ 대입
➡ 상수 a의 값을 구한다.

❷ 주어진 방정식에 상수 a의 값 대입
➡ 방정식을 푼다.

❸ 두 근 중 $x=\alpha$를 제외한 나머지 한 근을 구한다.

07 이차방정식 $x^2+ax-6=0$의 한 근이 $x=1$일 때, 다른 한 근을 구하시오. (단, a는 상수)

(1) 상수 a의 값을 구하시오.

(2) 이차방정식의 다른 한 근을 구하시오.

08 이차방정식 $x^2+4x+a=0$의 해가 $x=3$ 또는 $x=b$일 때, $a+b$의 값은? (단, a는 상수)

① -28 ② -14 ③ -11
④ 18 ⑤ 28

09 x에 대한 이차방정식 $ax^2+3x-2a=0$의 한 근이 $x=-2$일 때, 다른 한 근을 구하시오. (단, a는 상수)

유형 4 이차방정식의 공통인 근

$(x-a)(x-b)=0$의 근 ➡ $x=a$ 또는 $x=b$
$(x-a)(x-c)=0$의 근 ➡ $x=a$ 또는 $x=c$
➡ 두 이차방정식의 공통인 근 : $x=a$

Skill

방정식을 각각 인수분해 하면 두 식에 똑같이 들어 있는 게 보일 거야.

10 다음 두 이차방정식의 공통인 근을 구하시오.

$$x^2+2x-15=0,\quad 2x^2+11x+5=0$$

(1) 이차방정식 $x^2+2x-15=0$을 푸시오.

(2) 이차방정식 $2x^2+11x+5=0$을 푸시오.

(3) 공통인 근을 구하시오.

11 두 이차방정식 $x^2+5x+a=0$, $3x^2+bx-12=0$의 공통인 근이 $x=-6$일 때, 상수 a, b에 대하여 $a+b$의 값을 구하시오.

12 두 이차방정식 $x^2-5x+6=0$, $2x^2-x-15=0$에 대하여 공통인 근이 아닌 다른 한 근을 각각 $x=p$, $x=q$라고 할 때, pq의 값을 구하시오.

VISUAL IDEA 2

근의 공식

Ⓥ 이차방정식의 해(근)를 구하는 공식이 있다?

매번 이항하고, 완전제곱식 만들고, 루트 씌우고······. 머리 아파!
이차방정식 $ax^2+bx+c=0$을 정리해서 한번에 해를 찾는 **공식**을 만들자.

$$ax^2+bx+c=0 \quad (\text{단, } a\neq 0)$$

❶ 이차방정식의 양변을 a로 나누자.

$$x^2+\frac{b}{a}x+\frac{c}{a}=0$$

❷ 상수항을 우변으로 옮기자.

$$x^2+\frac{b}{a}x+\quad=-\frac{c}{a}$$

❸ 좌변을 완전제곱식으로 만들자.
양변에 $\left\{\frac{(\text{일차항의 계수})}{2}\right\}^2$를 더하면 되겠지?

$$x^2+\frac{b}{a}x+\left(\frac{b}{2a}\right)^2=-\frac{c}{a}+\left(\frac{b}{2a}\right)^2$$

$$\left(x+\frac{b}{2a}\right)^2=\frac{b^2-4ac}{4a^2}$$

❹ 양변에 루트를 씌우자.
이때 루트 앞에 꼭 ±를 붙여야 해.

$$x+\frac{b}{2a}=\pm\frac{\sqrt{b^2-4ac}}{2a} \quad (\text{복호동순})$$

$+\frac{\sqrt{b^2-4ac}}{2a}$ 또는 $-\frac{\sqrt{b^2-4ac}}{2a}$ 라는 뜻!

❺ 좌변에 x만 남기자.
우변을 잘 정리하면 근의 공식 완성!

$$x=-\frac{b}{2a}\pm\frac{\sqrt{b^2-4ac}}{2a}=\frac{-b\pm\sqrt{b^2-4ac}}{2a}$$

근의 공식

$$x=\frac{-b\pm\sqrt{b^2-4ac}}{2a} \quad (\text{단, } b^2-4ac\geq 0)$$

V 이차방정식의 근의 공식

▶ 근의 공식 1

"a, b, c만 잘 찾으면 모든 이차방정식의 근을 구할 수 있다."

x²의 계수, x의 계수, 상수항

$$ax^2+bx+c=0 \quad (\text{단, } a\neq0)$$

$$\Rightarrow x=\frac{-b\pm\sqrt{b^2-4ac}}{2a}$$

(단, $b^2-4ac\geq0$)

$$x^2+3x-1=0$$

a, b, c를 먼저 찾아두면 편해!

▶ $a=1,\ b=3,\ c=-1$

▶ $x=\frac{-3\pm\sqrt{3^2-4\times1\times(-1)}}{2\times1}$

$=\frac{-3\pm\sqrt{13}}{2}$

▶ 근의 공식 2 – 짝수 공식

"일차항의 계수가 짝수일 때만 사용하는 더 간단한 공식!"

x²의 계수, x의 계수, 상수항

$$ax^2+2b'x+c=0 \quad (\text{단, } a\neq0)$$

$$\Rightarrow x=\frac{-b'\pm\sqrt{b'^2-ac}}{a}$$

(단, $b'^2-ac\geq0$)

$$3x^2-4x-5=0$$

▶ $a=3,\ b'=(-4)\div2=-2,\ c=-5$

▶ $x=\frac{-(-2)\pm\sqrt{(-2)^2-3\times(-5)}}{3}$

$=\frac{2\pm\sqrt{19}}{3}$

ACT 08

이차방정식의 근의 공식 1

스피드 정답 : 02쪽
친절한 풀이 : 14쪽

이차방정식 $ax^2+bx+c=0\ (a\neq0)$의 해는

$$x=\frac{-b\pm\sqrt{b^2-4ac}}{2a}\ (\text{단, } b^2-4ac\geq0)$$

예 $x^2+3x-1=0$에서 $a=1, b=3, c=-1$ $\quad\therefore x=\frac{-3\pm\sqrt{3^2-4\times1\times(-1)}}{2\times1}=\frac{-3\pm\sqrt{13}}{2}$

---

* 다음과 같은 $ax^2+bx+c=0\ (a\neq0)$ 꼴의 이차방정식에서 a, b, c를 각각 구하시오.

01 $2x^2-x-2=0$

$a=$_____, $b=$_____, $c=$_____

02 $3x^2+7x+3=0$

$a=$_____, $b=$_____, $c=$_____

03 $5x^2+11x-3=0$

$a=$_____, $b=$_____, $c=$_____

04 $11x^2-12x-3=0$

$a=$_____, $b=$_____, $c=$_____

05 $3x^2+7x-1=0$

$a=$_____, $b=$_____, $c=$_____

* 다음은 근의 공식을 이용하여 이차방정식의 해를 구하는 과정이다. □ 안에 알맞은 수를 쓰시오.

06 $x^2+x-1=0$

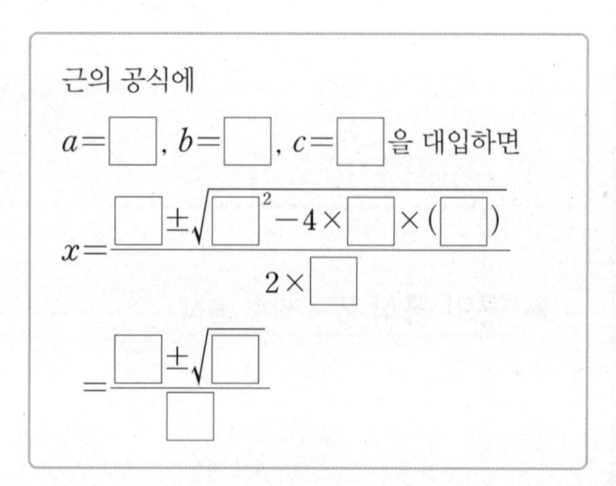

07 $2x^2-3x-1=0$

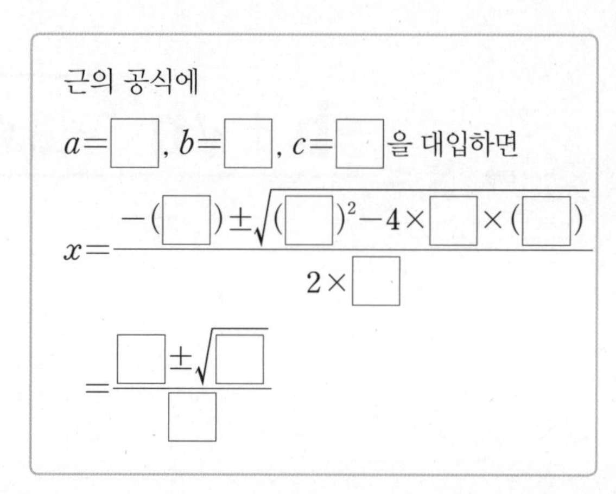

* 다음 이차방정식을 근의 공식을 이용하여 푸시오.

08 $x^2+5x+3=0$

▶ $a=$☐, $b=$☐, $c=$☐이므로

근의 공식에 대입하여 풀면

$x=$ ______________

09 $x^2+x-3=0$

10 $x^2-7x+11=0$

11 $x^2-5x-2=0$

12 $2x^2+5x+1=0$

13 $5x^2-x-2=0$

14 $3x^2+3x-1=0$

15 $4x^2-7x+1=0$

16 $3x^2-5x-3=0$

* 다음 [ ] 안의 수가 주어진 이차방정식의 해일 때, 상수 a의 값을 구하시오.

17 $x^2-x+a=0$ $\left[\frac{1\pm\sqrt{17}}{2}\right]$

18 $x^2-3x+a=0$ $\left[\frac{3\pm\sqrt{21}}{2}\right]$

19 $2x^2+x+a=0$ $\left[\frac{-1\pm\sqrt{41}}{4}\right]$

이차방정식의 근의 공식 2 _짝수 공식

스피드 정답 : 02쪽
친절한 풀이 : 14쪽

x의 계수가 짝수인 이차방정식 $ax^2+2b'x+c=0$ $(a\neq0)$의 해는

$$x=\frac{-b'\pm\sqrt{b'^2-ac}}{a} \quad (\text{단, } b'^2-ac\geq0)$$

예 $x^2+\underset{2\times2}{4x}-1=0$에서 $a=1$, $b'=2$, $c=-1$ $\quad\therefore x=\frac{-2\pm\sqrt{2^2-1\times(-1)}}{1}=-2\pm\sqrt{5}$

* 다음과 같은 $ax^2+2b'x+c=0$ $(a\neq0)$ 꼴의 이차방정식에서 a, b', c를 각각 구하시오.

01 $5x^2-6x-2=0$

$a=$_____, $b'=$_____, $c=$_____

02 $3x^2+2x-1=0$

$a=$_____, $b'=$_____, $c=$_____

03 $3x^2-4x-5=0$

$a=$_____, $b'=$_____, $c=$_____

04 $2x^2-8x+3=0$

$a=$_____, $b'=$_____, $c=$_____

05 $4x^2+2x-3=0$

$a=$_____, $b'=$_____, $c=$_____

* 다음은 일차항의 계수가 짝수인 이차방정식의 해를 구하는 과정이다. □ 안에 알맞은 수를 쓰시오.

06 $x^2+6x-1=0$

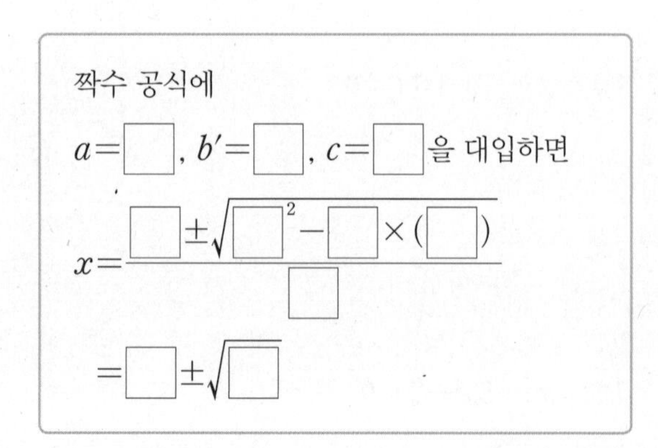

07 $5x^2-2x-1=0$

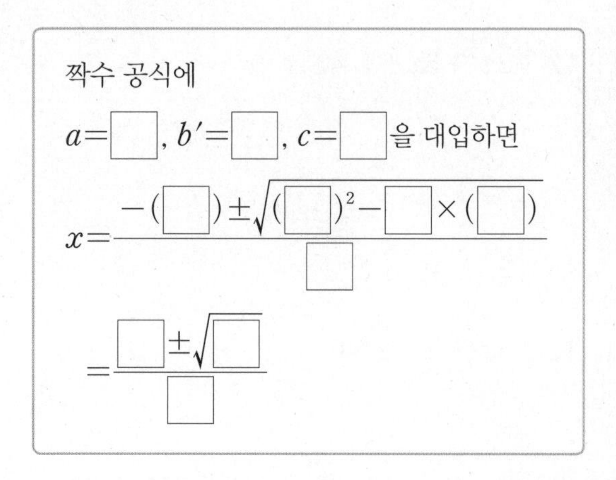

* 다음 이차방정식을 짝수 공식을 이용하여 푸시오.

08 $x^2-2x-1=0$

▶ $a=$☐, $b'=$☐, $c=$☐이므로

짝수 공식에 대입하여 풀면

$x=$ ________

09 $x^2-4x+2=0$

10 $x^2+8x+5=0$

11 $x^2-6x-3=0$

12 $2x^2+4x-3=0$

13 $3x^2+2x-3=0$

14 $4x^2-6x+1=0$

15 $7x^2+8x-2=0$

16 $6x^2-4x-3=0$

* 다음 [ ] 안의 수가 주어진 이차방정식의 해일 때, 상수 a의 값을 구하시오.

17 $x^2-2x+a=0$ $[1\pm\sqrt{6}]$

18 $x^2+4x+a=0$ $[-2\pm\sqrt{3}]$

19 $2x^2+6x+a=0$ $\left[\frac{-3\pm\sqrt{15}}{2}\right]$

ACT 10

복잡한 이차방정식의 풀이 1

스피드 정답 : 02쪽
친절한 풀이 : 15쪽

괄호가 있는 경우

분배법칙이나 곱셈 공식을 이용하여 괄호를 풀어 $ax^2+bx+c=0$ 꼴로 정리한다.

예 $x(x-2)=3$
$x^2-2x=3$ (좌변을 전개)
$x^2-2x-3=0$ (모든 항을 좌변으로 이항)
$(x-3)(x+1)=0$ (인수분해)
$\therefore x=3$ 또는 $x=-1$ (해 구하기)

참고 인수분해가 안 되는 경우 근의 공식을 이용하여 해를 구한다.

계수가 분수인 경우

양변에 분모의 최소공배수를 곱하여 계수를 정수로 고친 후 푼다.

예 $\frac{1}{2}x^2+\frac{5}{6}x-\frac{1}{3}=0$
$3x^2+5x-2=0$ (양변에 분모의 최소공배수 곱하기)
$(3x-1)(x+2)$ (인수분해)
$\therefore x=\frac{1}{3}$ 또는 $x=-2$ (해 구하기)

---

* 다음 이차방정식을 정리하고, 푸시오.

01 $(x-1)(x+3)=-x$

➡ 괄호를 풀어 정리하면

$x^2+\square x-\square=0$

근의 공식을 이용하여 풀면

$x=\frac{\square\pm\sqrt{\square}}{2}$

02 $3(x-1)^2=3x+4$

➡ $\square x^2-\square x-\square=0$

03 $x(x-4)=(2x+1)(x+2)$

➡ $x^2+\square x+\square=0$

* 다음 이차방정식을 푸시오.

04 $(x+2)(x+4)=6$

05 $(x+6)(x-3)=x-12$

06 $(x-2)^2=3x+1$

07 $(x+1)^2=3(x+5)$

08 $x(x+3)=2x(x+1)-1$

＊ 다음 이차방정식을 정리하고, 푸시오.

09 $x^2-\frac{1}{2}x-\frac{1}{3}=0$

➡ 양변에 6을 곱하면

$\square x^2-\square x-\square=0$

근의 공식을 이용하여 풀면

$x=\frac{\square\pm\sqrt{\square}}{12}$

10 $\frac{1}{3}x^2+\frac{1}{4}x-\frac{1}{4}=0$

➡ $4x^2+\square x-\square=0$

11 $x^2-x+\frac{1}{5}=0$

➡ $\square x^2-\square x+1=0$

12 $x^2-\frac{1}{2}x=\frac{1}{4}$

➡ $\square x^2-\square x-1=0$

＊ 다음 이차방정식을 푸시오.

13 $\frac{1}{4}x^2+\frac{1}{4}x-\frac{1}{2}=0$

14 $\frac{1}{2}x^2-\frac{2}{3}x=\frac{1}{6}$

15 $\frac{1}{2}x^2+\frac{1}{6}x-\frac{1}{3}=0$

16 $\frac{1}{5}x^2+\frac{1}{10}x-\frac{3}{2}=0$

시험에는 이렇게 나온대.

17 이차방정식 $\frac{3}{4}x^2-x-\frac{1}{8}=0$을 풀면?

① $x=-4\pm\sqrt{22}$　② $x=4\pm\sqrt{22}$

③ $x=\frac{-4\pm\sqrt{22}}{2}$　④ $x=\frac{4\pm\sqrt{22}}{4}$

⑤ $x=\frac{4\pm\sqrt{22}}{6}$

ACT 11

복잡한 이차방정식의 풀이 2

스피드 정답 : 03쪽
친절한 풀이 : 16쪽

계수가 소수인 경우

양변에 10의 거듭제곱을 곱하여 계수를 정수로 고친 후 푼다.

예 $0.1x^2+0.3x-2.8=0$
$x^2+3x-28=0$ (양변에 10의 거듭제곱 곱하기)
$(x-4)(x+7)=0$ (인수분해)
$\therefore$ $x=4$ 또는 $x=-7$ (해 구하기)

공통부분이 있는 경우

공통부분을 한 문자로 놓고 푼다.

예 $(x+1)^2-(x+1)-12=0$
$A^2-A-12=0$ ($x+1=A$로 놓기)
$(A+3)(A-4)=0$ (인수분해)
$\therefore$ $A=-3$ 또는 $A=4$ (A의 값 구하기)
$x+1=-3$ 또는 $x+1=4$ ($A=x+1$ 대입)
$\therefore$ $x=-4$ 또는 $x=3$ (해 구하기)

＊ 다음 이차방정식을 정리하고, 푸시오.

01 $0.1x^2-0.2x-0.1=0$

➡ 양변에 10을 곱하면

$x^2-\square x-\square=0$

근의 공식을 이용하여 풀면

$x=\square\pm\sqrt{\square}$

02 $0.2x^2+0.8x+0.7=0$

➡ $\square x^2+\square x+7=0$

03 $0.1x^2=0.04x+0.03$

➡ $\square x^2-4x-\square=0$

＊ 다음 이차방정식을 푸시오.

04 $0.01x^2+0.01x-0.1=0$

05 $0.3x^2-x+0.5=0$

06 $0.01x^2-0.06x-0.12=0$

07 $0.2x^2-0.5x=0.3x+0.11$

08 $\frac{1}{5}x^2+0.2x-\frac{1}{2}=0$

* 다음 이차방정식에서 공통부분을 구하고, 이차방정식의 해를 구하시오.

09 $(x-3)^2+16(x-3)+64=0$

➡ $x-3=A$로 놓으면

$A^2+\square A+\square=0$, $(A+\square)^2=0$

$\therefore A=\square$

$A=x-3$을 대입하면

$x-3=\square$ $\therefore x=\square$

10 $3(x+5)^2+7(x+5)-6=0$

공통부분 : ____________

이차방정식의 해 : ____________

11 $10(2x-1)^2-3(2x-1)-1=0$

공통부분 : ____________

이차방정식의 해 : ____________

12 $4\left(x-\frac{1}{2}\right)^2-4\left(x-\frac{1}{2}\right)+1=0$

공통부분 : ____________

이차방정식의 해 : ____________

* 다음 이차방정식을 푸시오.

13 $(x-2)^2-6(x-2)+9=0$

14 $(x+3)^2-9(x+3)=-14$

15 $3(2x+3)^2-2(2x+3)-1=0$

16 $9\left(x-\frac{2}{3}\right)^2+24\left(x-\frac{2}{3}\right)+16=0$

시험에는 이렇게 나온대.

17 이차방정식 $8(x-4)^2-6(x-4)-27=0$의 두 근의 합은?

① $\frac{11}{2}$ ② $\frac{37}{2}$ ③ $\frac{13}{4}$

④ $\frac{25}{4}$ ⑤ $\frac{35}{4}$

ACT 12

이차방정식의 근의 개수

스피드 정답 : 03쪽
친절한 풀이 : 17쪽

이차방정식 $ax^2+bx+c=0$의 근의 개수는 근의 공식 $x=\frac{-b\pm\sqrt{b^2-4ac}}{2a}$에서 b^2-4ac의 부호에 따라 결정된다.

- $b^2-4ac>0$ ➡ 서로 다른 두 근을 갖는다. ➡ 근이 2개
- $b^2-4ac=0$ ➡ 한 근(중근)을 갖는다. ➡ 근이 1개
- $b^2-4ac<0$ ➡ 근이 없다. ➡ 근이 0개

참고 이차방정식 $ax^2+bx+c=0$이 근을 가질 조건 ➡ $b^2-4ac\geq0$

＊ 다음 표를 완성하시오.

	$ax^2+bx+c=0$	b^2-4ac의 값	근의 개수
예	$x^2+4x-1=0$	$4^2-4\times1\times(-1)$ $=16+4=20$	2개
01	$x^2+6x+9=0$		
02	$x^2+x+1=0$		
03	$x^2-2x-3=0$		
04	$3x^2+x+2=0$		
05	$5x^2-8x-2=0$		
06	$2x^2-3x+5=0$		
07	$6x^2+5x-2=0$		
08	$16x^2-8x+1=0$		

＊ 다음 이차방정식이 서로 다른 두 근을 가질 때, 상수 k의 값의 범위를 구하시오.

09 $x^2+8x+k=0$ ($>$, $=$, $<$)

▶ $\square^2-4\times1\times k\bigcirc0$이므로

$64-4k\bigcirc0$ $\therefore k\bigcirc16$

10 $x^2-2x-k=0$

11 $x^2+3x+k=0$

12 $2x^2-4x-k=0$

13 $3x^2+x+k=0$

* 다음 이차방정식이 중근을 가질 때, 상수 k의 값을 구하시오.

14 $x^2-2x+k=0$

▶ $(\square)^2-4\times1\times k\bigcirc0$이므로

$4-4k\bigcirc0$ $\therefore k\bigcirc1$

15 $x^2+10x-k=0$

16 $x^2-8x+k=0$

17 $9x^2-6x+k=0$

18 $x^2-14x+k+1=0$

* 다음 이차방정식이 근을 갖지 않을 때, 상수 k의 값의 범위를 구하시오.

19 $x^2+6x+k=0$

▶ $\square^2-4\times1\times k\bigcirc0$이므로

$36-4k\bigcirc0$ $\therefore k\bigcirc9$

20 $x^2+2x+k=0$

21 $x^2+8x-k=0$

22 $2x^2+3x+k=0$

시험에는 이렇게 나온대.

23 이차방정식 $x^2+3x+k=0$이 해를 갖도록 하는 자연수 k의 개수를 구하시오.

ACT 13

이차방정식 구하기

스피드 정답 : 03쪽
친절한 풀이 : 17쪽

- 두 근이 α, β이고 x^2의 계수가 1인 이차방정식 ➡ $(x-\alpha)(x-\beta)=0$
- 두 근이 α, β이고 x^2의 계수가 a인 이차방정식 ➡ $a(x-\alpha)(x-\beta)=0$
- 중근이 α이고 x^2의 계수가 a인 이차방정식 ➡ $a(x-\alpha)^2=0$

*** 다음 조건을 만족시키는 x에 대한 이차방정식을 $ax^2+bx+c=0$ 꼴로 나타내시오.**

01 두 근이 1, 3이고 x^2의 계수가 1인 이차방정식

▶ $(x-\square)(x-\square)=0$

$\therefore x^2-\square x+\square=0$

02 두 근이 1, -2이고 x^2의 계수가 1인 이차방정식

03 두 근이 -2, 3이고 x^2의 계수가 1인 이차방정식

04 두 근이 -1, -5이고 x^2의 계수가 1인 이차방정식

05 두 근이 1, 5이고 x^2의 계수가 2인 이차방정식

▶ $\square(x-\square)(x-\square)=0$

$\square(x^2-\square x+\square)=0$

$\therefore \square x^2-\square x+\square=0$

06 두 근이 -3, 4이고 x^2의 계수가 -1인 이차방정식

07 두 근이 -2, -3이고 x^2의 계수가 3인 이차방정식

08 두 근이 2, 6이고 x^2의 계수가 4인 이차방정식

09 중근이 -1이고 x^2의 계수가 2인 이차방정식

▶ 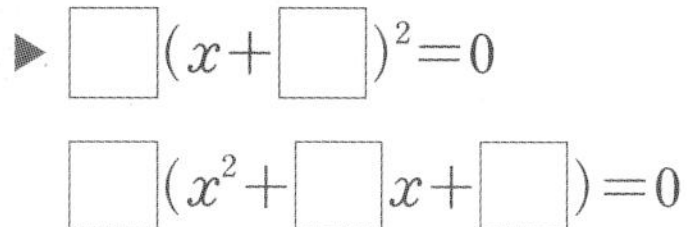

$\therefore \square x^2+\square x+\square=0$

10 중근이 1이고 x^2의 계수가 1인 이차방정식

11 중근이 3이고 x^2의 계수가 1인 이차방정식

12 중근이 4이고 x^2의 계수가 -1인 이차방정식

13 중근이 -2이고 x^2의 계수가 3인 이차방정식

*** 다음 조건을 만족시키는 상수 a, b의 값을 각각 구하시오.**

근을 이용한 식을 만들어 보자.

14 이차방정식 $x^2+ax+b=0$의 두 근이 2, 5

$a=$_____, $b=$_____

15 이차방정식 $2x^2+ax+b=0$의 두 근이 1, $\frac{3}{2}$

$a=$_____, $b=$_____

16 이차방정식 $4x^2+ax+b=0$의 중근이 $\frac{1}{2}$

$a=$_____, $b=$_____

시험에는 이렇게 나온대.

17 이차방정식 $-x^2+ax+b=0$의 두 근이 -1, 2일 때, 상수 a, b에 대하여 ab의 값을 구하시오.

ACT+ 14 필수 유형 훈련

스피드 정답 : 03쪽
친절한 풀이 : 18쪽

유형 1 이차방정식이 중근을 가질 조건

이차방정식 $ax^2+bx+c=0$이 중근을 가질 조건
➡ $b^2-4ac=0$

Skill

$x^2+2x+k=0$이 중근을 가지려면 $2^2-4\times1\times k=0$을 만족시켜야 하는 거야.
중근을 가질 조건에 맞게 식을 세우면 상수 k에 대한 방정식이 되는 거지.

01 이차방정식 $x^2-4x+3k-2=0$이 중근을 갖도록 하는 상수 k의 값을 구하시오.

02 이차방정식 $3x^2+(k+1)x+3=0$이 중근을 갖도록 하는 모든 상수 k의 값의 합은?

① -4　② -2　③ 2
④ 4　⑤ 14

03 이차방정식 $x^2-6x+2k-3=0$이 중근 $x=a$를 가질 때, $k+a$의 값을 구하시오.

(1) 상수 k의 값을 구하시오.

(2) a의 값을 구하시오.

(3) $k+a$의 값을 구하시오.

유형 2 한 근이 무리수일 때, 미지수의 값 구하기

a, b, c가 유리수일 때, 이차방정식 $ax^2+bx+c=0$의 한 근이 $p+q\sqrt{m}$이면 다른 한 근은 $p-q\sqrt{m}$이다.
(단, p, q는 유리수, $q\neq0$, $\sqrt{m}$은 무리수)

Skill

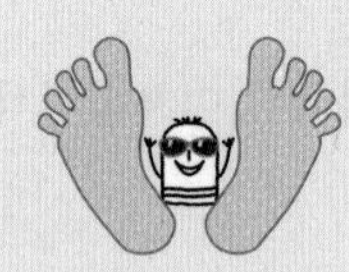

숫자는 같은데 유리수와 무리수 사이 부호만 다른 두 근을 켤레근이라고 해. 운동화처럼 항상 짝지어 다니니까!

04 이차방정식 $ax^2+bx+c=0$의 한 근이 다음과 같을 때, 다른 한 근을 구하시오.
(단, a, b, c는 유리수)

(1) $1+\sqrt{2}$

(2) $\dfrac{1}{2-\sqrt{3}}$

05 이차방정식 $ax^2+bx+c=0$의 한 근이 $-1-\sqrt{7}$일 때, 두 근의 합과 곱을 각각 구하시오. (단, a, b, c는 유리수)

06 이차방정식 $x^2+kx=-4$의 한 근이 $3-\sqrt{5}$일 때, 유리수 k의 값은?

① -6　② -4　③ -2
④ 4　⑤ 6

유형 3 두 근의 조건이 주어진 이차방정식 구하기

- 두 근의 차가 k
  ➡ 두 근을 α, $\alpha+k$ (또는 α, $\alpha-k$)로 놓는다.
- 한 근이 다른 근의 k배
  ➡ 두 근을 α, $k\alpha$로 놓는다.
- 두 근의 비가 $m:n$
  ➡ 두 근을 $m\alpha$, $n\alpha$로 놓는다.

07 이차방정식 $x^2+3x+m=0$의 두 근의 차가 1일 때, 상수 m의 값은?

① -2 ② -1 ③ 1
④ 2 ⑤ 3

08 이차방정식 $x^2+mx+6=0$의 두 근의 차가 1일 때, 상수 m의 값을 구하시오.
(단, 두 근은 모두 양수이다.)

09 이차방정식 $x^2+mx+16=0$의 한 근이 다른 한 근의 4배일 때, 상수 m의 값을 구하시오.
(단, 두 근은 모두 양수이다.)

10 이차방정식 $x^2+14x-8k=0$의 두 근의 비가 $2:5$일 때, 상수 k의 값은?

① -5 ② -3 ③ -1
④ 1 ⑤ 3

유형 4 잘못 보고 푼 이차방정식

이차방정식 $x^2+ax+b=0$에서
- x의 계수 a를 잘못 본 경우
  ➡ 상수항 b를 바르게 봄
- 상수항 b를 잘못 본 경우
  ➡ x의 계수 a를 바르게 봄

Skill

반대로 생각하자.
바르게 본 걸 찾아서 구하는 거야.

11 이차방정식 $x^2+ax+b=0$을 푸는데 성환이는 x의 계수를 잘못 보고 풀어 $x=2$ 또는 $x=-5$의 해를 얻었고, 수혜는 상수항을 잘못 보고 풀어 $x=-1$ 또는 $x=3$의 해를 얻었다. 다음 물음에 답하시오. (단, a, b는 상수)

(1) 성환이가 제대로 본 상수항을 구하시오.

(2) 수혜가 제대로 본 x의 계수를 구하시오.

(3) $a-b$의 값을 구하시오.

12 x^2의 계수가 1인 이차방정식을 푸는데 정우는 x의 계수를 잘못 보고 풀어 $x=3$ 또는 $x=-4$의 해를 얻었고, 민영이는 상수항을 잘못 보고 풀어 $x=-5$ 또는 $x=9$의 해를 얻었다. 다음 물음에 답하시오.

(1) 정우가 제대로 본 상수항을 구하시오.

(2) 민영이가 제대로 본 x의 계수를 구하시오.

(3) 처음 이차방정식의 해를 구하시오.

ACT+ 15

필수 유형 훈련

스피드 정답 : 03쪽
친절한 풀이 : 19쪽

유형 1 이차방정식의 활용(1) - 수

• **이차방정식의 활용 문제 푸는 순서**

❶ 미지수 정하기 ➡ 문제의 뜻을 이해하고 구하려는 것을 미지수 x로 놓는다.
❷ 방정식 세우기 ➡ 문제의 뜻에 맞게 x에 대한 이차방정식을 세운다.
❸ 방정식 풀기 ➡ 이차방정식을 풀어 해를 구한다.
❹ 확인하기 ➡ 구한 해 중 문제의 뜻에 맞는 것을 찾는다.

• **수와 연산에 대한 문제**

구하는 수를 x로 놓고 조건에 맞게 식을 세운다.

미지수 정하기 ⬇ 이차방정식 세우기 ⬇ 이차방정식 풀기 ⬇ 확인하기

01 n각형의 대각선의 개수는 $\frac{n(n-3)}{2}$개이다. 대각선의 개수가 65개인 다각형을 구하려고 할 때, 다음 물음에 답하시오.

(1) 방정식을 세우시오.

(2) (1)에서 세운 방정식을 푸시오.

(3) 다각형을 구하시오.

02 어떤 자연수에 4를 더하여 제곱하면 49일 때, 다음 물음에 답하시오.

(1) 어떤 자연수를 x라고 할 때, x에 대한 이차방정식을 세우시오.

(2) (1)에서 세운 방정식을 푸시오.

(3) 어떤 자연수를 구하시오.

03 차가 5이고 곱이 36인 두 자연수를 구하려고 할 때, 다음 물음에 답하시오.

(1) 작은 수를 x라고 할 때, 큰 수를 x에 대한 식으로 나타내시오.

(2) 두 자연수의 곱이 36임을 이용하여 x에 대한 이차방정식을 세우시오.

➡ $x(\square)=36$

(3) (2)에서 세운 방정식을 푸시오.

(4) 두 자연수를 구하시오.

유형 2 이차방정식의 활용(2) - 연속하는 수

연속하는 두 정수

➡ 구하려는 두 수를 x, $x+1$ 또는 $x-1$, x로 놓는다. (단, x는 정수)

연속하는 세 정수

➡ 구하려는 세 수를 $x-1$, x, $x+1$ 또는 $x-2$, $x-1$, x로 놓는다. (단, x는 정수)

연속하는 두 짝수

➡ 구하려는 두 수를 x, $x+2$ (x는 짝수) 또는 $2x$, $2x+2$ (x는 자연수)로 놓는다.

연속하는 두 홀수

➡ 구하려는 두 수를 x, $x+2$ (x는 홀수) 또는 $2x-1$, $2x+1$ (x는 자연수)로 놓는다.

04 연속하는 두 자연수의 곱이 30일 때, 다음 물음에 답하시오.

(1) 연속하는 두 자연수 중 작은 수를 x라고 할 때, 큰 수를 x에 대한 식으로 나타내시오.

(2) 두 자연수의 곱이 30임을 이용하여 x에 대한 이차방정식을 세우시오.

(3) (2)에서 세운 방정식을 풀어 두 자연수를 구하시오.

05 연속하는 두 짝수의 곱이 224일 때, 다음 물음에 답하시오.

(1) 연속하는 두 짝수 중 작은 수를 x라고 할 때, 큰 수를 x에 대한 식으로 나타내시오.

(2) 두 짝수의 곱이 224임을 이용하여 x에 대한 이차방정식을 세우시오.

(3) (2)에서 세운 방정식을 풀어 두 짝수를 구하시오.

06 연속하는 세 자연수의 제곱의 합이 149일 때, 다음 물음에 답하시오.

(1) 연속하는 세 자연수 중 가운데 수를 x라고 할 때, 가장 작은 수와 가장 큰 수를 x에 대한 식으로 각각 나타내시오.

가장 작은 수 : ______

가장 큰 수 : ______

(2) 세 자연수의 제곱이 합이 149임을 이용하여 x에 대한 이차방정식을 세우시오.

➡ $(\boxed{\quad})^2+x^2+(\boxed{\quad})^2=149$

(3) (2)에서 세운 방정식을 푸시오.

(4) 세 자연수를 구하시오.

ACT+ 16

필수 유형 훈련

스피드 정답 : 03쪽
친절한 풀이 : 19쪽

유형 1 이차방정식의 활용(3) - 실생활

나누어 주는 문제
나누어 주려는 사람 수를 x명이라고 놓고 조건에 맞게 식을 세운다.

나이에 대한 문제
구하는 사람의 나이를 x로 놓고 조건에 맞게 식을 세운다.
예 나이의 차가 a이면
➡ x, $x+a$ 또는 $x-a$, x

펼쳐진 쪽수에 대한 문제
펼쳐진 두 면의 쪽수 중 한 쪽을 x, 다른 한 쪽을 $x+1$ (또는 $x-1$)이라고 놓고 조건에 맞게 식을 세운다.

01 사탕 40개를 학생들에게 남김없이 똑같이 나누어 주었더니 학생 한 명이 받은 사탕의 수는 학생 수보다 6개 적었다. 다음 물음에 답하시오.

(1) 학생 수를 x명이라고 할 때, 한 학생이 받는 사탕의 수를 x에 대한 식으로 나타내시오.

(2) (학생 수)×(한 학생이 받은 사탕의 수)=40임을 이용하여 x에 대한 이차방정식을 세우시오.

(3) (2)에서 세운 방정식을 풀어 학생 수를 구하시오.

02 28개의 귤을 각 상자에 귤의 수가 같도록 여러 개의 상자에 남김없이 나누어 담았다. 상자의 수는 한 상자에 담은 귤의 수보다 3만큼 작다고 할 때, 다음 물음에 답하시오.

(1) 상자의 수를 x개라고 할 때, x에 대한 이차방정식을 세우시오.

(2) (1)에서 세운 이차방정식을 풀어 상자의 수를 구하시오.

03 수정이와 동생의 나이의 차는 3살이고, 수정이와 동생의 나이의 제곱의 합은 117일 때, 다음 물음에 답하시오.

(1) 수정이의 나이를 x살이라고 할 때, x에 대한 이차방정식을 세우시오.

(2) (1)에서 세운 이차방정식을 풀어 수정이와 동생의 나이를 각각 구하시오.

04 수학 책을 펼쳤더니 펼쳐진 두 면의 쪽수의 곱이 156일 때, 다음 물음에 답하시오.

(1) 펼쳐진 두 면 중 왼쪽 면의 쪽수를 x쪽이라고 할 때, x에 대한 이차방정식을 세우시오.

(2) (1)에서 세운 이차방정식을 풀어 펼쳐진 두 면의 쪽수를 각각 구하시오.

유형 2 이차방정식의 활용(4) - 쏘아 올린 물체

- 쏘아 올린 물체의 시간 t에 따른 높이 h가 $h=at^2+bt+c$로 주어졌을 때, 높이가 p일 때의 시각을 구하려면 이차방정식 $p=at^2+bt+c$의 해를 구한다. (단, $t\geq 0$)
- 쏘아 올린 물체의 높이가 h m인 경우는 물체가 최고 높이일 때를 제외하면 올라갈 때와 내려올 때 두 번 생긴다.
- 물체가 지면에 떨어질 때의 높이는 0 m이다.

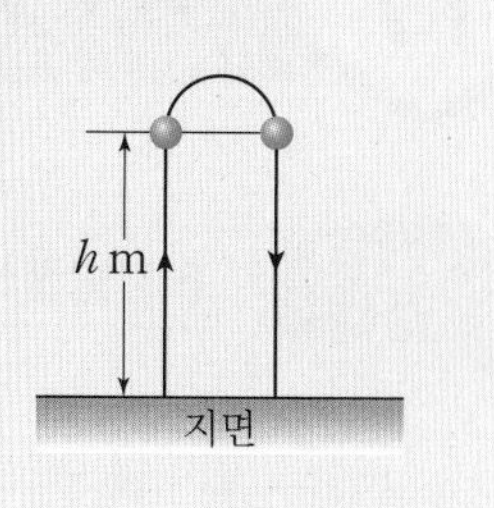

* **지면에서 초속 20 m로 쏘아 올린 물체의 x초 후의 높이가 $(20x-5x^2)$ m일 때, 다음 물음에 답하시오.**

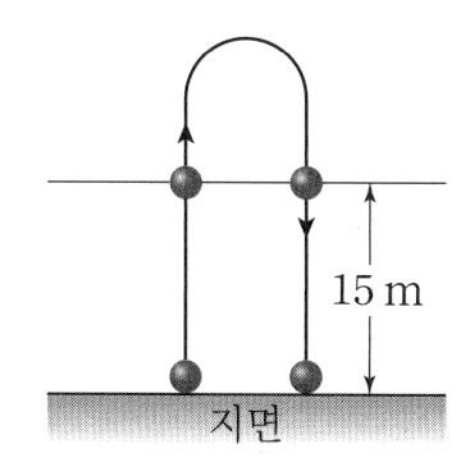

05 물체의 높이가 15 m가 되는 것은 물체를 쏘아 올린 지 몇 초 후인지 구하시오.

(1) 방정식을 세우시오.

(2) 몇 초 후인지 구하시오.

06 물체가 다시 지면에 떨어지는 것은 물체를 쏘아 올린 지 몇 초 후인지 구하시오.

(1) 방정식을 세우시오.

(2) 몇 초 후인지 구하시오.

* **지면으로부터 높이가 80 m인 지점에서 초속 30 m로 똑바로 위로 던진 공의 x초 후의 지면으로부터의 높이는 $(80+30x-5x^2)$ m이다. 이때 다음 물음에 답하시오.**

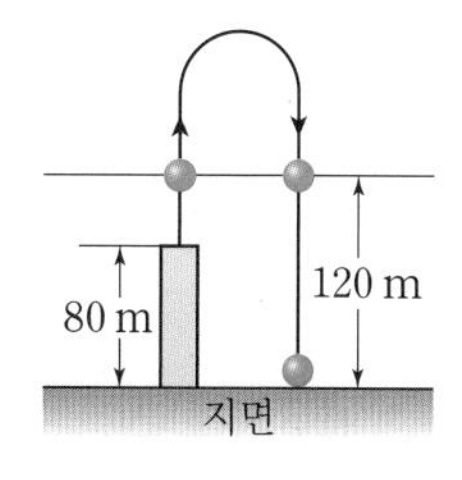

07 공의 높이가 120 m가 되는 것은 공을 던진 지 몇 초 후인지 구하시오.

(1) 방정식을 세우시오.

(2) 몇 초 후인지 구하시오.

08 공이 다시 지면에 떨어지는 것은 공을 던진 지 몇 초 후인지 구하시오.

(1) 방정식을 세우시오.

(2) 몇 초 후인지 구하시오.

필수 유형 훈련

스피드 정답 : 04쪽
친절한 풀이 : 20쪽

유형 1 이차방정식의 활용(5) - 기본 도형

도형의 넓이를 구하는 공식을 이용하여 이차방정식을 세운다.

- (삼각형의 넓이)$=\frac{1}{2}\times$(밑변의 길이)$\times$(높이)
- (직사각형의 넓이)$=$(가로의 길이)$\times$(세로의 길이)
- (사다리꼴의 넓이)$=\frac{1}{2}\times\{$(윗변의 길이)$+$(아랫변의 길이)$\}\times$(높이)

01 아래 그림과 같이 둘레의 길이가 20 cm이고, 넓이가 24 cm^2인 직사각형이 있다. 가로의 길이가 세로의 길이보다 더 길 때, 다음 물음에 답하시오.

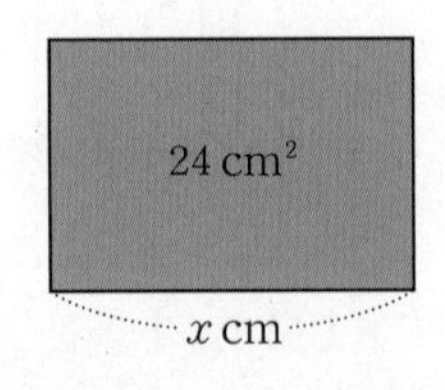

(1) 직사각형의 가로의 길이를 x cm라고 할 때, 직사각형의 세로의 길이를 x에 대한 식으로 나타내시오.

(2) 직사각형의 넓이가 24 cm^2임을 이용하여 x에 대한 이차방정식을 세우시오.

(3) (2)에서 세운 이차방정식을 푸시오.

(4) 직사각형의 가로의 길이를 구하시오.

02 직각삼각형의 세 변의 길이가 각각 x, $x+2$, $x+4$일 때, 다음 물음에 답하시오.

(1) 피타고라스 정리를 이용하여 x에 대한 이차방정식을 세우시오.

(2) (1)에서 세운 이차방정식을 풀어 x의 값을 구하시오.

03 윗변의 길이와 높이가 서로 같은 사다리꼴의 아랫변의 길이는 5 cm이고 넓이는 42 cm^2일 때, 다음 물음에 답하시오.

(1) 사다리꼴의 높이를 x cm라고 할 때, 사다리꼴의 넓이는 42 cm^2임을 이용하여 x에 대한 이차방정식을 세우시오.

(2) (1)에서 세운 이차방정식을 푸시오.

(3) 사다리꼴의 높이를 구하시오.

유형 2 이차방정식의 활용(6) - 도형의 변형

• 길이가 x인 한 변을 a만큼 늘이면 그 길이는 ➡ $x+a$
• 길이가 x인 한 변을 a만큼 줄이면 그 길이는 ➡ $x-a$

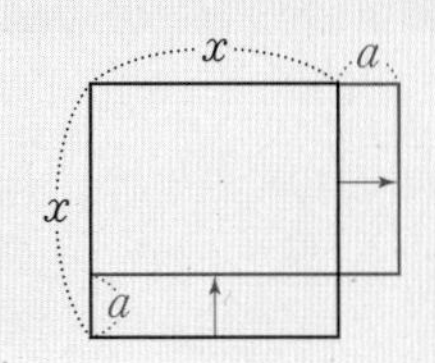

• 반지름의 길이가 x인 원의 반지름의 길이를 a만큼 늘이면
(처음 원의 넓이)$=\pi x^2$
(늘인 원의 넓이)$=\pi(x+a)^2$

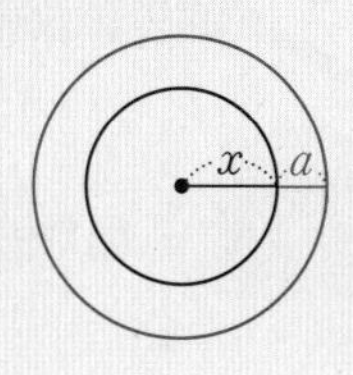

04 아래 그림과 같이 정사각형 모양의 땅에서 가로의 길이를 2 m 늘이고, 세로의 길이를 3 m 줄여서 만든 땅의 넓이가 50 m^2가 되었다. 다음 물음에 답하시오.

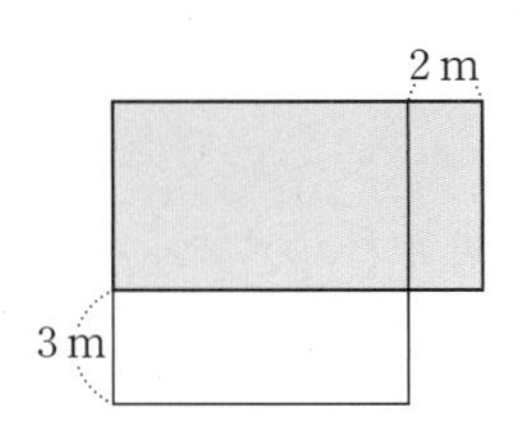

(1) 처음 정사각형 모양의 땅의 한 변의 길이를 x m라고 할 때, 늘인 가로의 길이와 줄인 세로의 길이를 x에 대한 식으로 각각 나타내시오.
가로의 길이 : ________________
세로의 길이 : ________________

(2) 만든 땅의 넓이가 50 m^2임을 이용하여 x에 대한 이차방정식을 세우시오.

(3) (2)에서 세운 이차방정식을 푸시오.

(4) 처음 정사각형 모양의 땅의 한 변의 길이를 구하시오.

05 아래 그림과 같은 원의 반지름의 길이를 1 cm만큼 늘여서 만들었더니, 그 넓이는 처음 원의 넓이의 2배가 되었다. 다음 물음에 답하시오.

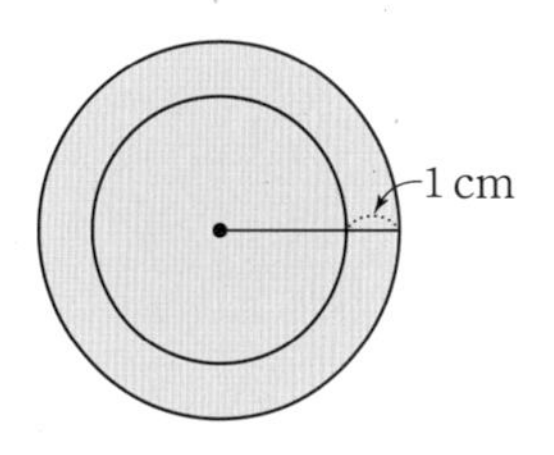

(1) 처음 원의 반지름의 길이를 x cm라고 할 때, 늘인 원의 반지름의 길이를 x에 대한 식으로 나타내시오.

(2) 새로 만든 원의 넓이는 처음 원의 넓이의 2배임을 이용하여 x에 대한 이차방정식을 세우시오.

(3) (2)에서 세운 이차방정식을 푸시오.

(4) 처음 원의 반지름의 길이를 구하시오.

ACT+ 18

필수 유형 훈련

스피드 정답 : 04쪽
친절한 풀이 : 20쪽

유형 1 이차방정식의 활용(7) - 길 만들기

다음 세 직사각형에서 색칠한 부분의 넓이는 모두 같다.

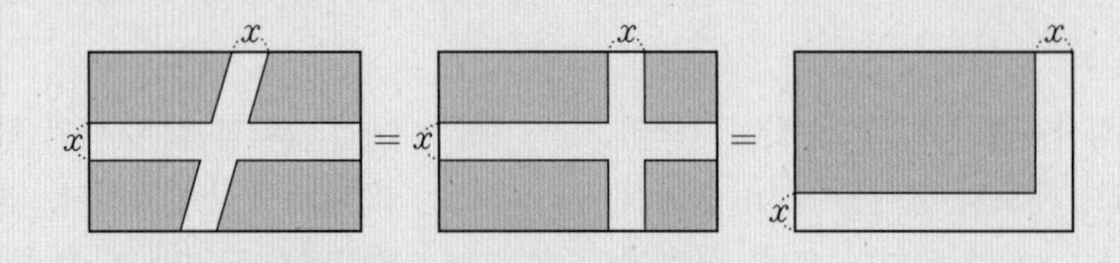

Skill 넓이를 구하지 않는 길 부분을 잘라내고 나머지 부분만 이어 붙여서 넓이를 구하는 거야.

01 아래 그림과 같이 가로와 세로의 길이가 각각 60 m, 20 m인 직사각형 모양의 땅에 폭이 일정한 길을 만들었더니 길을 제외한 땅의 넓이가 624 m^2이었다. 길의 폭을 x m라고 할 때, 다음 물음에 답하시오.

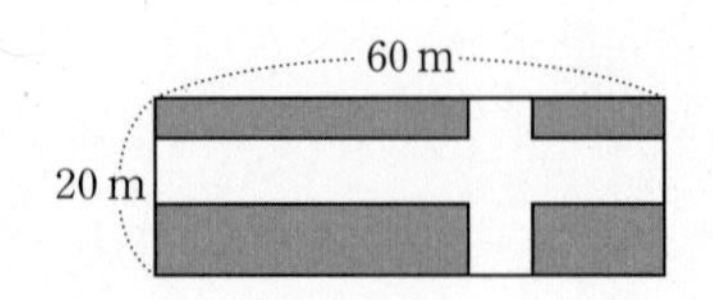

(1) 길을 끝으로 평행이동했을 때, 길을 제외한 땅의 가로와 세로의 길이를 각각 x에 대한 식으로 나타내시오.

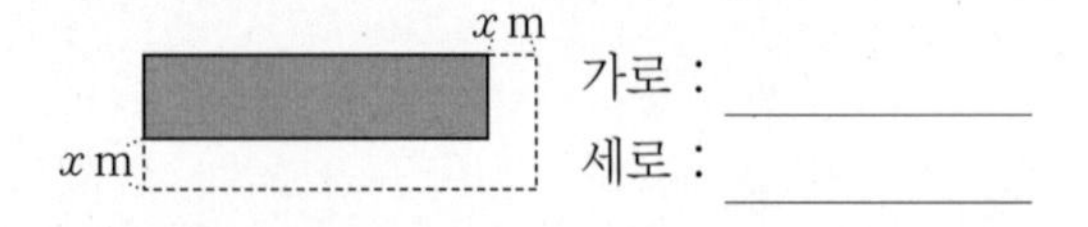

(2) 길을 제외한 땅의 넓이가 624 m^2임을 이용하여 x에 대한 이차방정식을 세우시오.

(3) (2)에서 세운 이차방정식을 푸시오.

(4) 길의 폭을 구하시오.

02 아래 그림과 같이 가로와 세로의 길이가 각각 24 m, 16 m인 직사각형 모양의 땅에 폭이 일정한 길을 만들었더니 길을 제외한 땅의 넓이가 240 m^2이었다. 다음 물음에 답하시오.

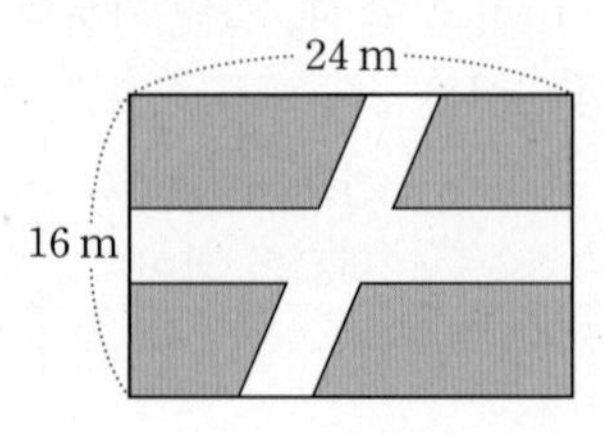

(1) 길의 폭을 x m라고 할 때, x에 대한 이차방정식을 세우시오.

(2) (1)에서 세운 이차방정식을 풀어 길의 폭을 구하시오.

03 오른쪽 그림과 같이 한 변의 길이가 10 m인 정사각형 모양의 정원에 폭이 일정한 길을 만들었더니 길을 제외한 정원의 넓이가 64 m^2이었다. 길의 폭을 x m라고 할 때, x의 값을 구하시오.

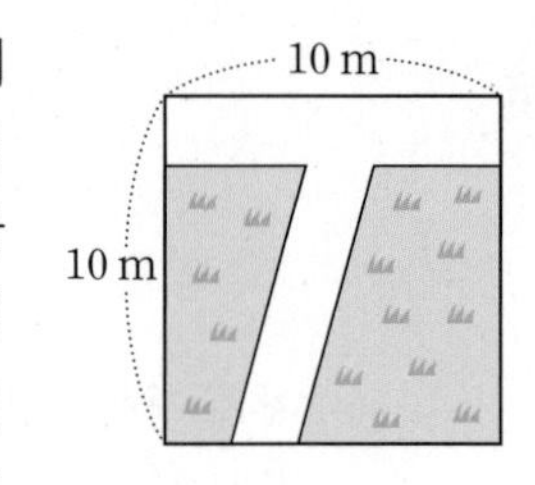

유형 2 이차방정식의 활용(8) - 붙어 있는 도형

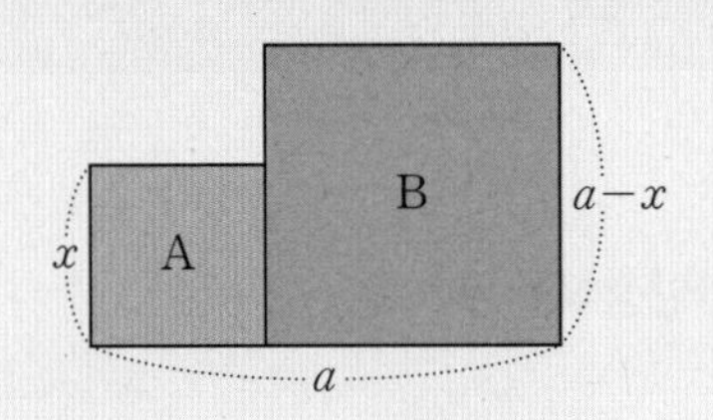

두 정사각형 A, B가 붙어 있을 때,
두 정사각형의 한 변의 길이의 합이 a이고,
정사각형 A의 한 변의 길이가 x이면
정사각형 B의 한 변의 길이는 $a-x$이다.

04 아래 그림과 같이 길이가 14 cm인 선분을 두 부분으로 나누어 각각의 길이를 한 변으로 하는 정사각형을 만들었더니 두 정사각형의 넓이의 합이 116 cm^2가 되었다. 다음 물음에 답하시오.

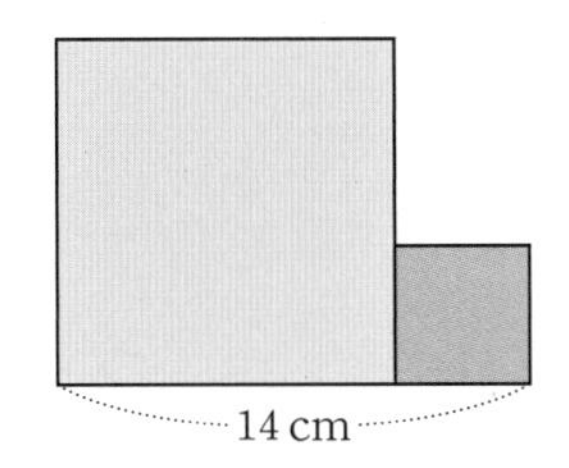

(1) 큰 정사각형의 한 변의 길이를 x cm라고 할 때, 작은 정사각형의 한 변의 길이를 x에 대한 식으로 나타내시오.

(2) 두 정사각형의 넓이의 합이 116 cm^2임을 이용하여 x에 대한 이차방정식을 세우시오.

(3) (2)에서 세운 이차방정식을 푸시오.

(4) 큰 정사각형의 한 변의 길이를 구하시오.

유형 3 이차방정식의 활용(9) - 상자를 만드는 경우

주어진 정사각형의 한 변의 길이를 x로 놓고
(직육면체의 부피)
=(가로의 길이)×(세로의 길이)×(높이)
임을 이용하여 이차방정식을 세운다.

Skill

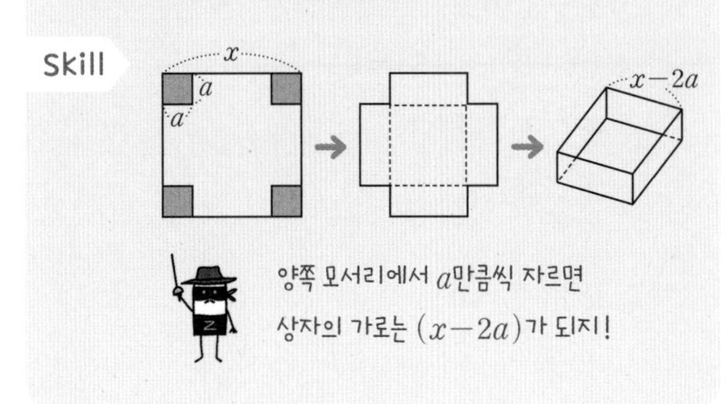

05 아래 그림과 같은 정사각형 모양의 종이에서 네 귀퉁이를 한 변의 길이가 3 cm인 정사각형 모양으로 잘라 내고 그 나머지로 윗면이 없는 직육면체 모양의 상자를 만들었더니 부피가 48 cm^3가 되었다. 다음 물음에 답하시오.

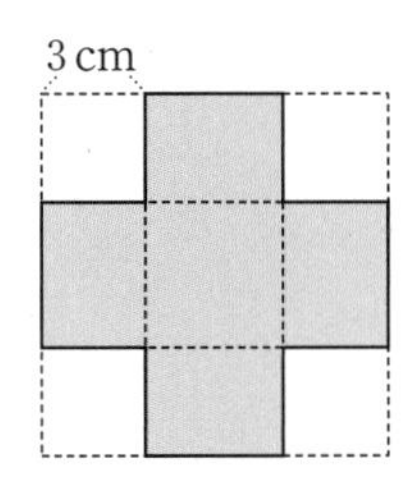

(1) 처음 정사각형 모양의 종이의 한 변의 길이를 x cm라고 할 때, 직육면체 모양의 상자의 밑면의 한 변의 길이를 x에 대한 식으로 나타내시오.

(2) 직육면체 모양의 상자의 부피가 48 cm^3임을 이용하여 x에 대한 이차방정식을 세우시오.

(3) (2)에서 세운 이차방정식을 푸시오.

(4) 처음 정사각형 모양의 종이의 한 변의 길이를 구하시오.

TEST 05 단원 평가

01 다음 중 x에 대한 이차방정식이 아닌 것은?

① $x^2=1$

② $(x-3)(x-5)=0$

③ $x^3-x^2=2+x^3$

④ $\frac{x^2+3}{2}=0$

⑤ $x^2+\frac{1}{x^2}=0$

02 등식 $(a+2)x^2+3x+1=0$이 x에 대한 이차방정식일 때, 상수 a의 값이 될 수 없는 값을 구하시오.

03 x의 값이 -2, -1, 0, 1, 2일 때, 이차방정식 $x^2-x-6=0$의 해를 구하시오.

04 이차방정식 $ax^2-5x+3=0$의 한 근이 $x=1$일 때, 상수 a의 값을 구하시오.

*** 다음 이차방정식을 푸시오. (05 ~ 07)**

05 $(x+3)(x-4)=0$

06 $x^2+22x+121=0$

07 $2x^2=7x-6$

*** 다음 이차방정식이 중근을 가질 때, 상수 a의 값을 구하시오. (08 ~ 09)**

08 $x^2+10x+a-1=0$

09 $x^2-ax+100=0$ $(a>0)$

* 점수 *

스피드 정답 : 04쪽
친절한 풀이 : 21쪽

* 다음 이차방정식을 푸시오. (10 ~ 13)

10 $4x^2=20$

11 $x^2+6x+4=0$

12 $x^2-0.3x-0.2=0.1x^2$

13 $(x-4)^2+6(x-4)+5=0$

* 다음 이차방정식의 근의 개수를 구하시오. (14 ~ 15)

14 $x^2+5x-2=0$

15 $x^2+4x+11=0$

16 두 근이 -2, 2이고 x^2의 계수가 3인 이차방정식을 구하시오.

17 이차방정식 $x^2-6x+k-1=0$이 중근을 가질 때, 상수 k의 값을 구하시오.

18 이차방정식 $x^2-7x+k=0$의 두 근의 차가 5일 때, 상수 k의 값을 구하시오.

19 n각형의 대각선의 개수는 $\frac{n(n-3)}{2}$개이다. 대각선의 개수가 9개인 다각형을 구하시오.

20 둘레의 길이가 48 cm, 넓이가 135 cm^2인 직사각형이 있다. 가로의 길이가 세로의 길이보다 더 길 때, 직사각형의 가로의 길이를 구하시오.

쉬어 가기

스도쿠 게임

*** 게임 규칙**

❶ 모든 가로줄, 세로줄에 각 1에서 9까지의 숫자를 겹치지 않게 배열한다.

❷ 가로, 세로 3칸씩 이루어진 9칸의 격자 안에도 1에서 9까지의 숫자를 겹치지 않게 배열한다.

	3	2		1		9		6
							4	2
	4	5			9		7	
4			1		8		3	
1			6	5				
	5		7				1	
7	9	1			5			3
5	2			7	3	1		
	6	8	9	4		5	2	

답

8	3	2	4	1	7	9	5	6
9	1	7	5	8	6	3	4	2
6	4	5	3	2	9	8	7	1
4	7	6	1	9	8	2	3	5
1	8	3	6	5	2	7	9	4
2	5	9	7	3	4	6	1	8
7	9	1	2	6	5	4	8	3
5	2	4	8	7	3	1	6	9
3	6	8	9	4	1	5	2	7

Chapter Ⅵ

이차함수의 그래프 (1)

keyword

이차함수, 이차함수 $y=ax^2$의 그래프의 모양과 성질,

이차함수 $y=ax^2+q$, $y=a(x-p)^2$, $y=a(x-p)^2+q$의 그래프,

그래프의 평행이동

VISUAL IDEA 3

이차함수

V 이차함수와 포물선

▶ 이차함수 "x가 2차, 즉 x^2이 있는 함수"

$$y=ax^2+bx+c$$

↑ x의 이차항 ↑ x의 일차항 ↑ 상수항

함수 $y=f(x)$에 대하여

$y=ax^2+bx+c$ (a, b, c는 상수, $a\neq0$)

와 같이 y가 x에 대한 이차식으로 나타날 때,

이 함수를 x에 대한 이차함수라고 한다.

이차함수와 이차방정식은 쌍둥이!
이차방정식은 이차함수에서 y의 값이 주어졌을 때, x의 값을 구하는 거야.

▶ 포물선 = 이차함수의 그래프

위로 공을 던지거나 대포로 포탄을
발사하면 생기는 부드러운 곡선이 포물선이야.
이차함수의 그래프가 포물선 모양이지!

- ▶ 포물선 : $y=x^2$, $y=-x^2$과 같은 이차함수의 그래프 모양의 곡선
- ▶ 포물선의 축 : 포물선이 대칭이 되는 직선
- ▶ 포물선의 꼭짓점 : 포물선과 축의 교점

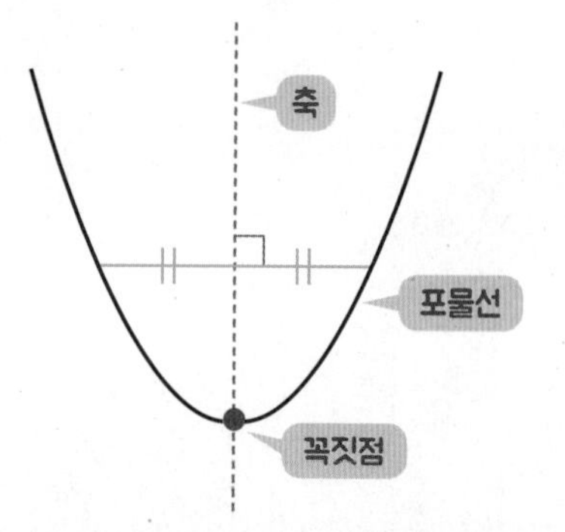

Ⓥ 이차함수 $y=ax^2$의 그래프

▶ $y=x^2$, $y=-x^2$의 그래프

"원점 (0, 0)을 지나고, y축에 대칭이다."

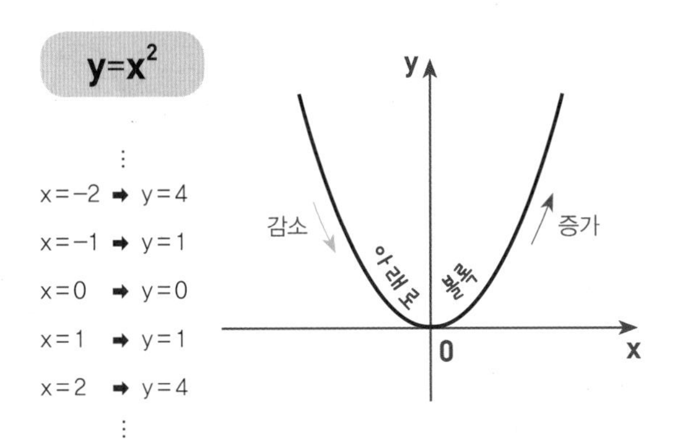

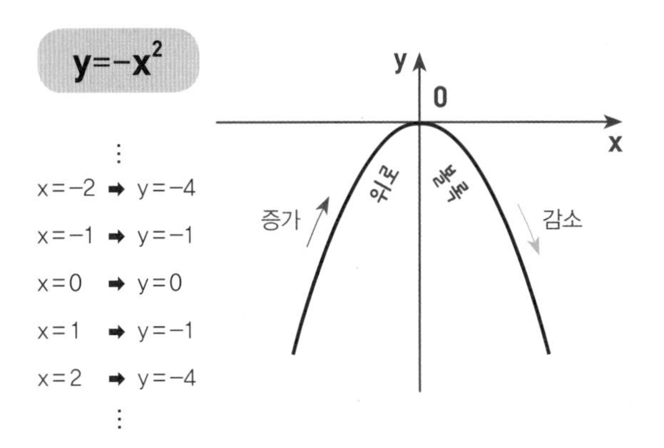

▶ $y=ax^2$의 그래프

"|a|의 크기에 따라 폭이 달라져!"

❶ 원점 (0, 0)을 꼭짓점으로 하고, y축에 대칭인 포물선이다.

❷ $a>0$이면 아래로 볼록하고, $a<0$이면 위로 볼록하다.

❸ $|a|$가 클수록 y축에 가까워지고, $|a|$가 작을수록 x축에 가까워진다.

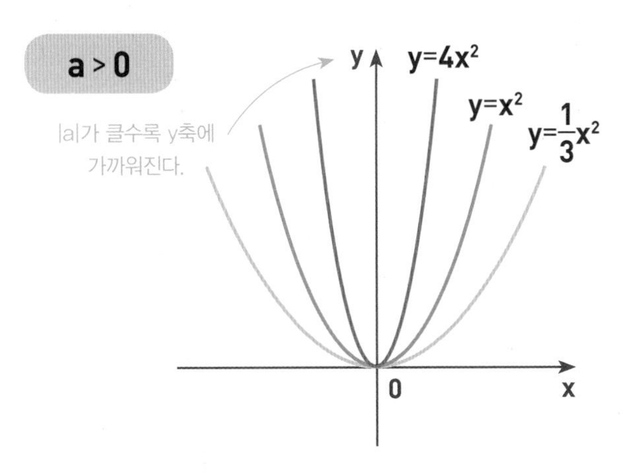

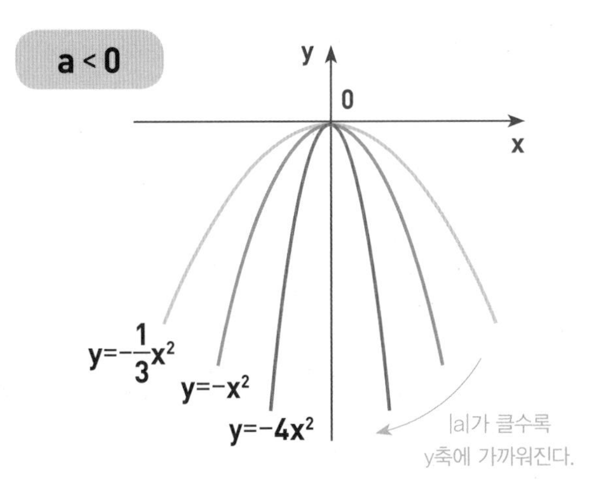

$a \neq 0$, a와 b는 상수일 때 x와 y의 여러 가지 관계식

x와 y가 정비례이면? $y=ax$

x와 y가 반비례이면? $y=\frac{a}{x}$

y가 x의 일차함수라면? $y=ax+b$

y가 x의 이차함수라면? $y=ax^2+bx+c$

ACT 19

일차함수

함수 $y=f(x)$에서 y가 x에 대한 일차식 즉,

$$y=ax+b\ (a,\ b\text{는 상수},\ a\neq 0)$$

와 같이 나타낼 때, 이 함수를 x에 대한 일차함수라고 한다.

2학년 복습~!
잊은 건 없는지
잘 확인하자.

* 다음 중 y가 x에 대한 일차함수인 것에는 ○표, 일차함수가 아닌 것에는 ×표를 하시오.

01 $y=3x$ ( )

02 $2x-3$ ( )

03 $y=\frac{1}{2x}$ ( )

04 $5x-y+3=0$ ( )

05 $xy=8$ ( )

06 $y=\frac{1}{4}x-9$ ( )

* 두 변수 x와 y 사이의 관계가 다음과 같을 때, y를 x에 대한 식으로 나타내고 일차함수인 것에는 ○표, 일차함수가 아닌 것에는 ×표를 하시오.

07 한 변의 길이가 x cm인 정사각형의 넓이 y cm^2

$y=$__________ ( )

08 올해 x세인 지원이의 7년 후의 나이 y세

$y=$__________ ( )

09 한 개에 30 g인 물건 x개의 무게 y g

$y=$__________ ( )

10 시속 x km로 3 km의 거리를 달릴 때, 걸리는 시간 y시간

$y=$__________ ( )

일차함수 $y=ax+b$의 그래프

스피드 정답 : 04쪽
친절한 풀이 : 22쪽

- 일차함수 $y=ax+b$ $(a\neq0)$의 그래프는 일차함수 $y=ax$의 그래프를 y축의 방향으로 b만큼 평행이동한 직선이다.

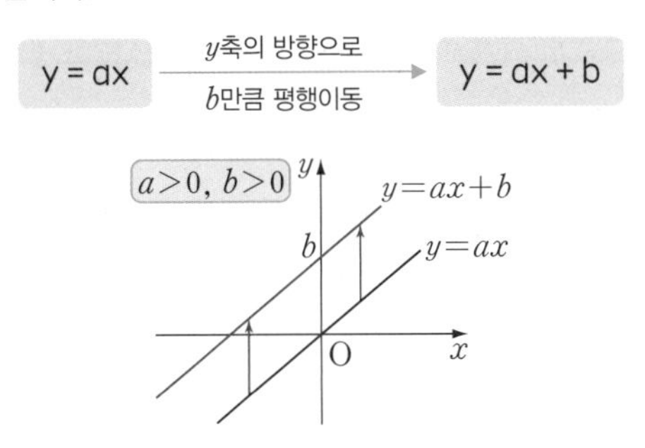

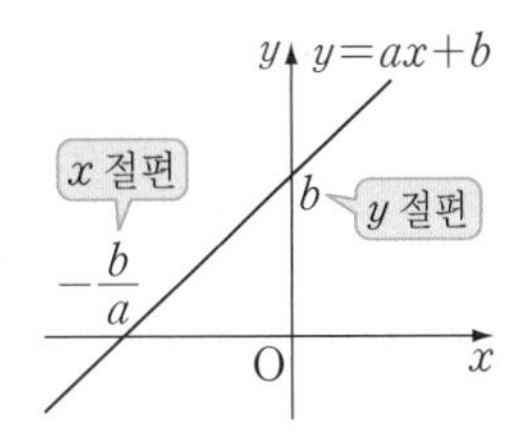

- x절편 : 그래프가 x축과 만나는 점의 x좌표
  ➡ $y=0$일 때, x의 값 : $-\dfrac{b}{a}$
- y절편 : 그래프가 y축과 만나는 점의 y좌표
  ➡ $x=0$일 때, y의 값 : b
- $(\text{기울기})=\dfrac{(y\text{의 값의 증가량})}{(x\text{의 값의 증가량})}=a$ (일정)

*** 다음 일차함수의 그래프를 y축의 방향으로 [ ] 안의 수만큼 평행이동한 그래프가 나타내는 일차함수의 식을 구하시오.**

11 $y=-4x$ [1]

12 $y=\dfrac{2}{3}x$ [2]

13 $y=x+3$ [−3]

14 $y=-3x+5$ [−7]

*** 다음 일차함수의 그래프의 x절편, y절편, 기울기를 각각 구하시오.**

15 $y=x+7$

16 $y=-x+3$

17 $y=-5x+5$

18 $y=\dfrac{1}{2}x+4$

ACT 20

이차함수

스피드 정답 : 04쪽
친절한 풀이 : 22쪽

이차함수

함수 $y=f(x)$에서 y가 x에 대한 이차식 즉,

$$y=ax^2+bx+c \ (a, b, c\text{는 상수}, a\neq 0)$$

와 같이 나타낼 때, 이 함수를 x에 대한 이차함수라고 한다.

예 $y=x^2$, $y=-x^2+2$, $y=3x^2+2x+1$ ➡ 이차함수이다.

$y=2x-5$, $y=\frac{2}{x}$, $y=\frac{1}{x^2}$ ➡ 이차함수가 아니다.

함숫값

함수 $y=f(x)$에서 x의 값에 따라 결정되는 y의 값

＊ 다음 중 이차함수인 것에는 ○표, 이차함수가 아닌 것에는 ×표를 하시오.

01 $y=-3x+4$ ( )

02 $y=2x^2+4x-1$ ( )

03 $y=x^2-(3-x)^2$ ( )

04 $y=-x(x+6)$ ( )

05 $y=3+\frac{2}{x^2}$ ( )

＊ 두 변수 x와 y 사이의 관계가 다음과 같을 때, y를 x에 대한 식으로 나타내고 이차함수인 것에는 ○표, 이차함수가 아닌 것에는 ×표를 하시오.

06 한 변의 길이가 x인 정삼각형의 둘레의 길이

$y=$__________ ( )

07 반지름의 길이가 x cm인 원의 넓이

$y=$__________ ( )

08 한 변의 길이가 6 cm인 정사각형의 각 변을 x cm씩 줄여서 만든 정사각형의 넓이

$y=$__________ ( )

09 분속 400 m로 x분 동안 이동한 거리 y m

$y=$__________ ( )

* 다음을 구하시오.

10 $f(x)=2x^2-7$에 대하여 $f(1)$의 값

11 $f(x)=x^2+3x-2$에 대하여 $f(-1)$의 값

12 $f(x)=\frac{1}{2}x^2-5x$에 대하여 $f(2)$의 값

13 $f(x)=-\frac{1}{4}x^2-2x+5$에 대하여 $f(-1)$의 값

14 $f(x)=-x^2+9x-2$에 대하여 $2f(3)$의 값

15 $f(x)=x^2+3x-8$에 대하여 $f(0)+f(1)$의 값

* 다음 이차함수 $y=f(x)$에 대하여 주어진 함숫값을 만족시키는 상수 a의 값을 구하시오.

16 $f(x)=x^2-3x+a$일 때, $f(1)=2$

▶ $f(1)=\square^2-3\times\square+a=\square$에서

$\square+a=\square$　　$\therefore a=\square$

17 $f(x)=\frac{1}{2}x^2+ax+3$일 때, $f(-1)=0$

18 $f(x)=ax^2-x+4$일 때, $f(-2)=3$

* 다음 함수가 x에 대한 이차함수일 때, 상수 a의 조건을 구하시오.

19 $y=4x^2-ax(x+1)$

▶ $y=4x^2-ax^2-ax=(4-a)x^2-ax$

이때 이차함수가 되려면

$\square\neq0$이어야 한다.　　$\therefore a\neq\square$

20 $y=(a-2)x^2+5ax+3$

21 $y=ax(x-2)+3x^2-1$

ACT 21

이차함수 $y=x^2$의 그래프

이차함수 $y=x^2$의 그래프

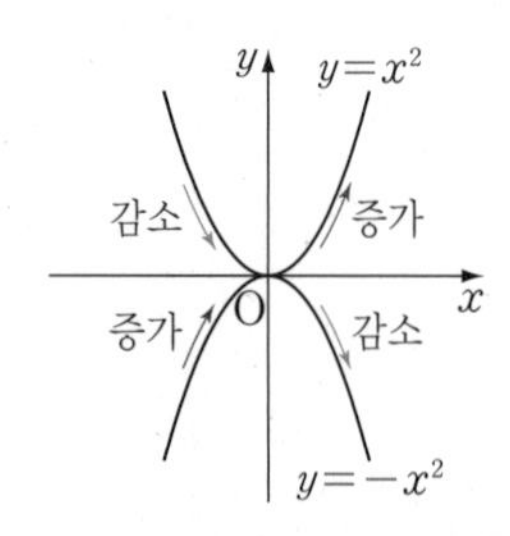

- 원점 $O(0, 0)$을 지나고, 아래로 볼록한 곡선이다.
- y축에 대칭이다.
- $x<0$일 때 x의 값이 증가하면 y의 값은 감소하고, $x>0$일 때 x의 값이 증가하면 y의 값도 증가한다.
- $y=-x^2$의 그래프와 x축에 서로 대칭이다.

포물선

이차함수 $y=x^2$, $y=-x^2$의 그래프와 같은 모양의 곡선을 포물선이라고 한다.

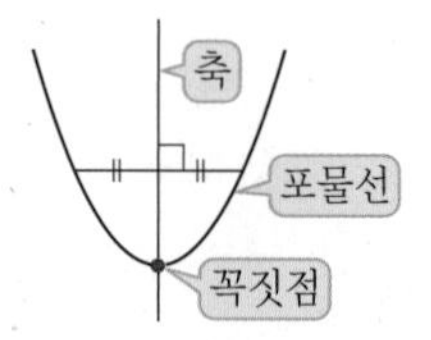

- 축 : 포물선은 선대칭도형이고, 그 대칭축을 포물선의 축이라고 한다.
- 꼭짓점 : 포물선과 축의 교점을 포물선의 꼭짓점이라고 한다.

＊ 이차함수 $y=x^2$, $y=-x^2$에 대하여 다음 물음에 답하시오.

01 다음 표를 완성하시오.

(1) $y=x^2$

x	⋯	-2	-1	0	1	2	⋯
y	⋯	4	1				⋯

(2) $y=-x^2$

x	⋯	-2	-1	0	1	2	⋯
y	⋯	-4					⋯

02 **01**의 표를 이용하여 두 이차함수의 그래프를 아래 좌표평면 위에 그리시오.

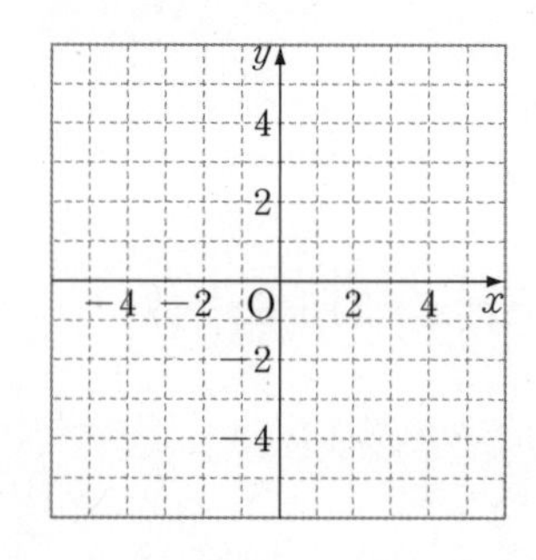

＊ 이차함수 $y=x^2$의 그래프에 대하여 다음 □ 안에 알맞은 것을 쓰시오.

03 그래프의 모양은 □로 볼록하다.

04 □축에 대칭이다.

05 $x>0$일 때, x의 값이 증가하면 y의 값도 □한다.

06 $y=-x^2$의 그래프와 □축에 서로 대칭이다.

07 제□사분면과 제□사분면을 지난다.

이차함수 $y=ax^2$의 그래프

스피드 정답 : 05쪽

이차함수 $y=ax^2$의 그래프

- 원점 $\mathrm{O}(0, 0)$을 꼭짓점으로 하는 포물선이다. ➡ 꼭짓점의 좌표 : $(0, 0)$
- y축에 대칭이다. ➡ 축의 방정식 : $x=0$
- a의 부호 : 그래프의 모양을 결정한다.

➡ $a>0$이면 아래로 볼록하다.
  $a<0$이면 위로 볼록하다.

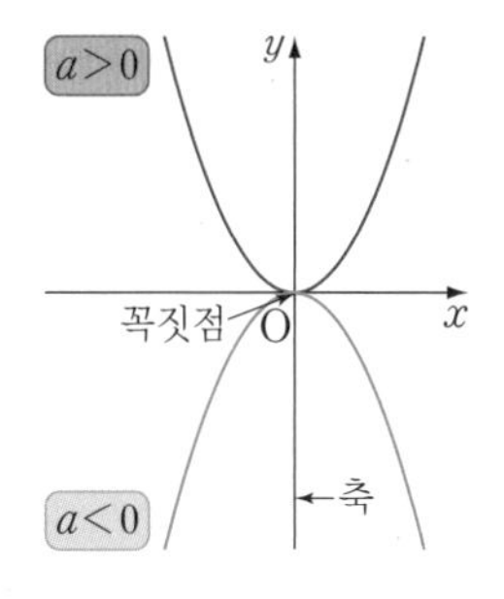

* **이차함수 $y=2x^2$에 대하여 다음 물음에 답하시오.**

08 이차함수 $y=2x^2$의 그래프를 다음 좌표평면 위에 그리시오.

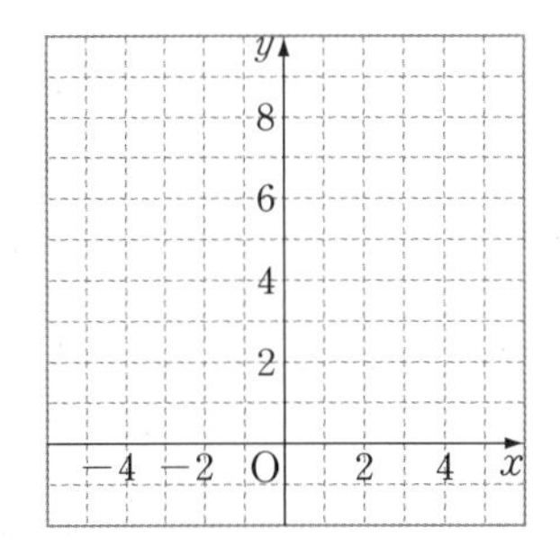

09 이차함수 $y=2x^2$의 그래프에 대하여 다음 □ 안에 알맞은 것을 쓰시오.

(1) 꼭짓점의 좌표는 (□, □)이다.

(2) 그래프의 모양은 □로 볼록하다.

(3) 축의 방정식은 □이다.

(4) 제□사분면과 제□사분면을 지난다.

* **이차함수 $y=-\frac{1}{4}x^2$에 대하여 다음 물음에 답하시오.**

10 이차함수 $y=-\frac{1}{4}x^2$의 그래프를 다음 좌표평면 위에 그리시오.

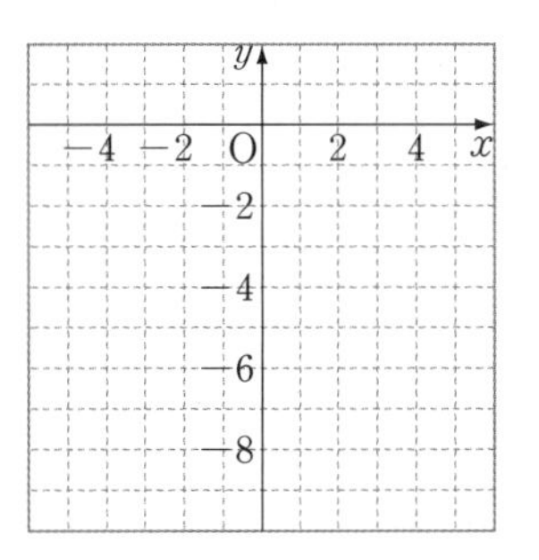

11 이차함수 $y=-\frac{1}{4}x^2$의 그래프에 대하여 다음 □ 안에 알맞은 것을 쓰시오.

(1) 꼭짓점의 좌표는 (□, □)이다.

(2) 그래프의 모양은 □로 볼록하다.

(3) 축의 방정식은 □이다.

(4) 제□사분면과 제□사분면을 지난다.

ACT 22

이차함수 $y=ax^2$의 그래프의 성질

스피드 정답 : 05쪽
친절한 풀이 : 22쪽

이차함수 $y=ax^2$의 그래프의 성질

- a의 절댓값은 그래프의 폭을 결정한다.
  ➡ a의 절댓값이 클수록 그래프의 폭이 좁아진다.
- 이차함수 $y=-ax^2$의 그래프와 x축에 서로 대칭이다.

이차함수 $y=ax^2$의 그래프에서의 증가·감소

- $a>0$
  ➡ $x<0$일 때, x의 값이 증가하면 y의 값은 감소
  $x>0$일 때, x의 값이 증가하면 y의 값도 증가
- $a<0$
  ➡ $x<0$일 때, x의 값이 증가하면 y의 값도 증가
  $x>0$일 때, x의 값이 증가하면 y의 값은 감소

＊ 다음 이차함수의 그래프로 알맞은 것을 아래 그림의 ㉠~㉣에서 찾아 쓰시오.

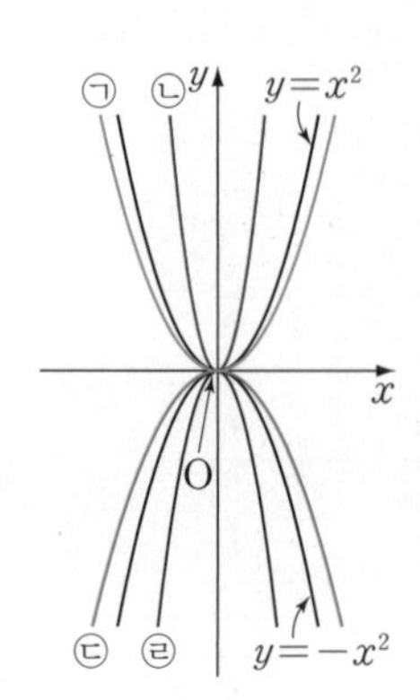

01 $y=3x^2$

02 $y=-\frac{2}{3}x^2$

03 $y=\frac{3}{4}x^2$

04 $y=-2x^2$

＊ 다음 이차함수의 그래프와 x축에 대칭인 그래프를 그리고, 그 식을 구하시오.

05 $y=4x^2$

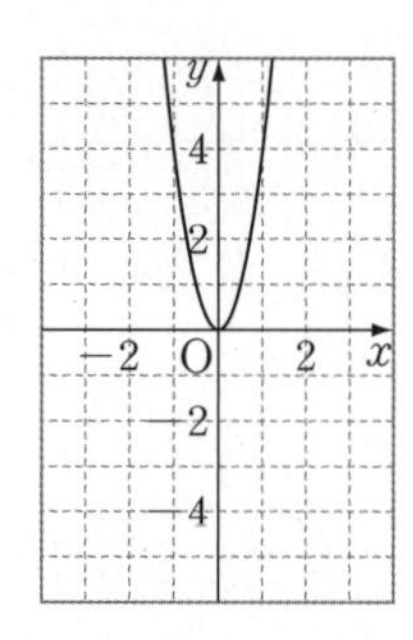

06 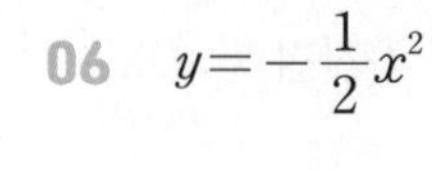
$y=-\frac{1}{2}x^2$

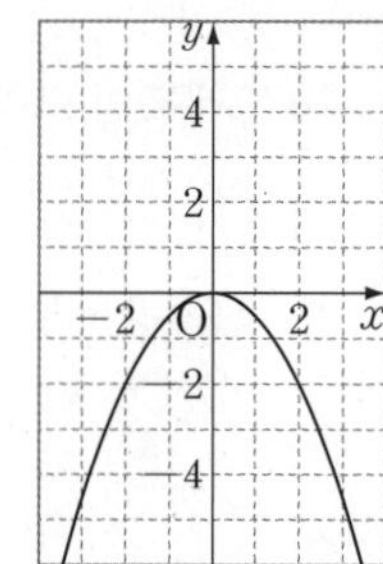

＊ 다음 |보기|의 이차함수의 그래프에 대하여 물음에 답하시오.

|보기|

㉠ $y=-\frac{1}{6}x^2$　　㉡ $y=-3x^2$

㉢ $y=\frac{2}{5}x^2$　　㉣ $y=0.5x^2$

㉤ $y=3x^2$　　㉥ $y=-\frac{25}{4}x^2$

07 위로 볼록한 그래프를 모두 고르시오.

08 폭이 가장 좁은 그래프를 고르시오.

09 $x<0$일 때, x의 값이 증가하면 y의 값은 감소하는 그래프를 모두 고르시오.

10 x축에 서로 대칭인 그래프끼리 짝 지으시오.

* 다음 이차함수의 그래프가 지나는 점을 모두 고르시오.

11 $y=3x^2$

㉠ $(1, 9)$	㉡ $\left(\frac{1}{3}, 1\right)$	㉢ $(0, 3)$
㉣ $(-2, 12)$	㉤ $(-1, 3)$	㉥ $\left(-\frac{1}{2}, \frac{3}{4}\right)$

12 $y=\frac{5}{4}x^2$

㉠ $(5, 4)$	㉡ $(4, 5)$	㉢ $(2, 5)$
㉣ $\left(1, \frac{4}{5}\right)$	㉤ $\left(-1, -\frac{5}{4}\right)$	㉥ $(-4, 20)$

* 이차함수 $y=ax^2$의 그래프가 다음 점을 지날 때, 상수 a의 값을 구하시오.

13 $(-1, -3)$

▶ $y=ax^2$에 $x=-1$, $y=-3$을 대입하면

$\square=a\times(\square)^2$ $\therefore a=\square$

14 $(2, 12)$

15 $\left(-\frac{1}{2}, 1\right)$

16 $\left(\frac{2}{5}, \frac{4}{5}\right)$

* 이차함수 $y=ax^2$의 그래프가 다음과 같을 때, 상수 a의 값을 구하시오.

17

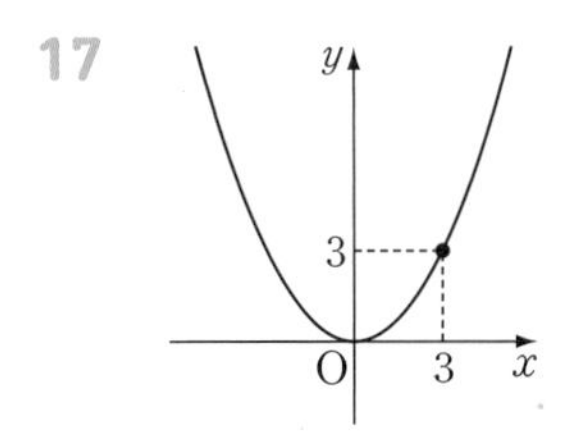

18

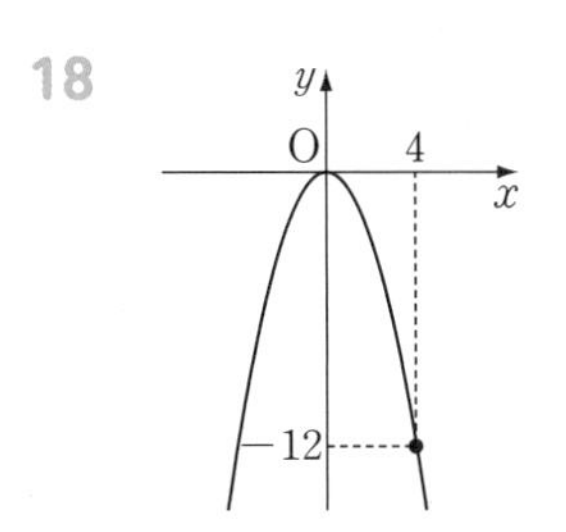

* 이차함수 $y=ax^2$의 그래프가 다음 두 점을 지날 때, 상수 a, b의 값을 각각 구하시오.

19 $(2, 6)$, $(-4, b)$

먼저 a의 값을 구하자!

20 $\left(1, \frac{2}{3}\right)$, $(-3, b)$

21 $\left(\frac{1}{2}, -4\right)$, $\left(\frac{1}{4}, b\right)$

VISUAL IDEA 4

이차함수의 평행이동

Ⅴ 이차함수의 평행이동 "어디로 옮겨도 모양은 같다!"

↕ y축을 따라 위아래로 움직이면?

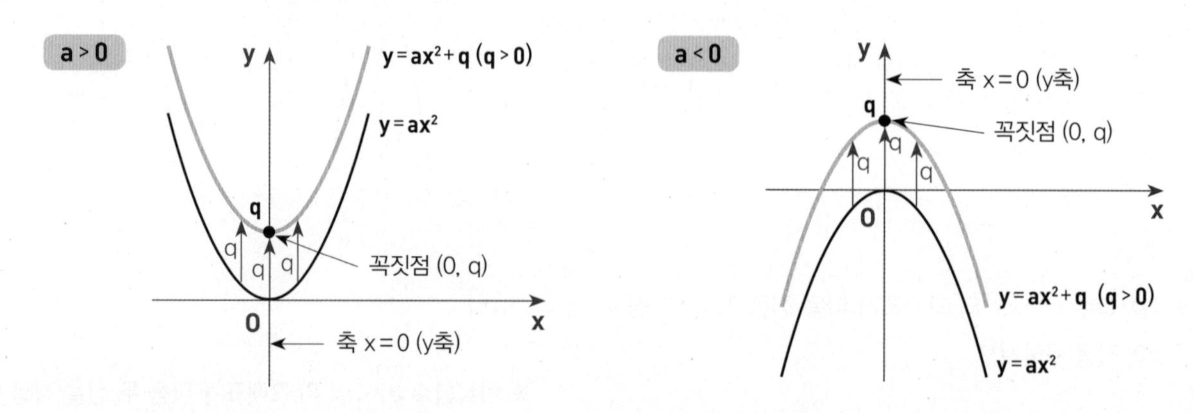

↔ x축을 따라 좌우로 움직이면?

$y=ax^2$ —(x축의 방향으로 p만큼 평행이동)→ $y=a(x-p)^2$

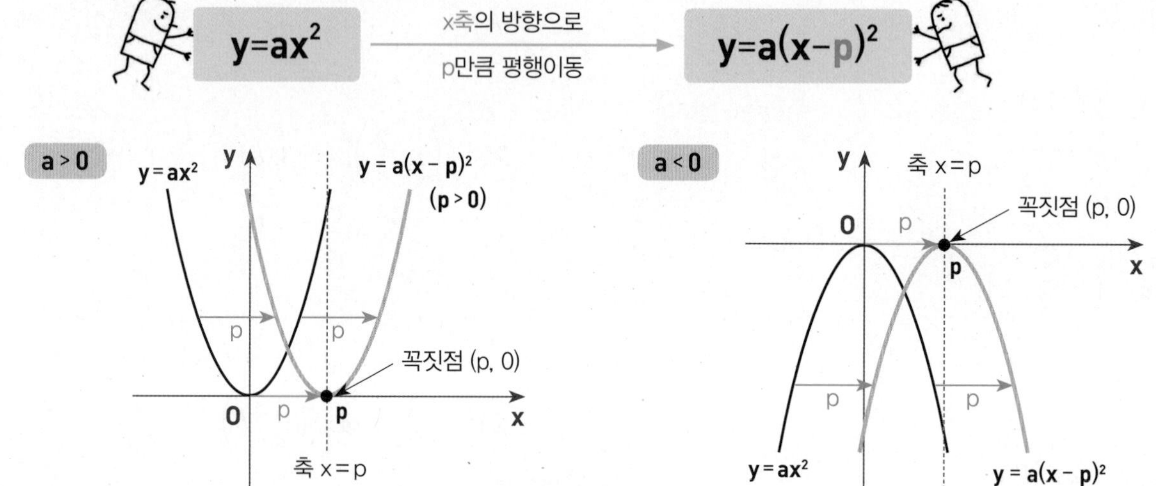

x축, y축을 따라 동시에 움직이면?

$y=ax^2$ —(x축의 방향으로 p만큼 / y축의 방향으로 q만큼 평행이동)→ $y=a(x-p)^2+q$

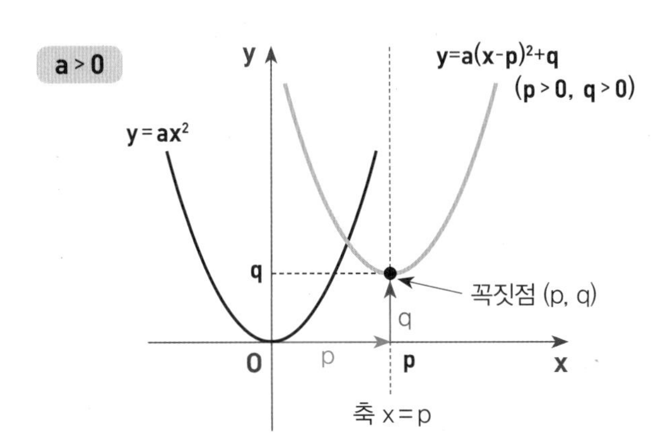

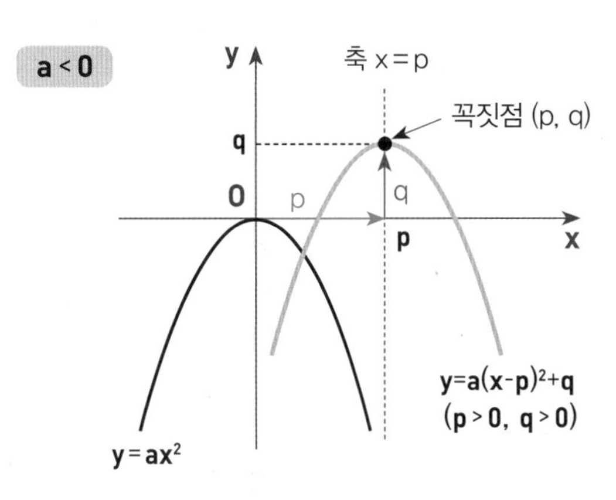

Ⅴ 이차함수 $y=a(x-p)^2+q$의 그래프에서 a, p, q의 부호

그래프의 모양을 보면 a의 부호를 알 수 있지!

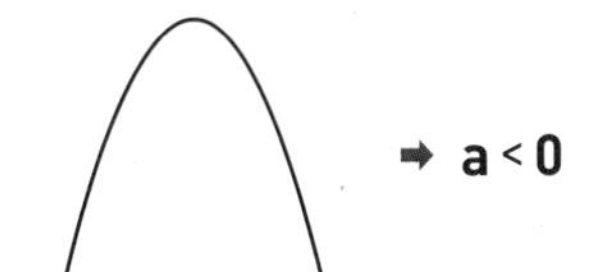

꼭짓점의 위치를 보면 p, q의 부호를 알 수 있어!

❶ 꼭짓점이 제1사분면 위에 있으면? $p>0,\ q>0$

❷ 꼭짓점이 제2사분면 위에 있으면? $p<0,\ q>0$

❸ 꼭짓점이 제3사분면 위에 있으면? $p<0,\ q<0$

❹ 꼭짓점이 제4사분면 위에 있으면? $p>0,\ q<0$

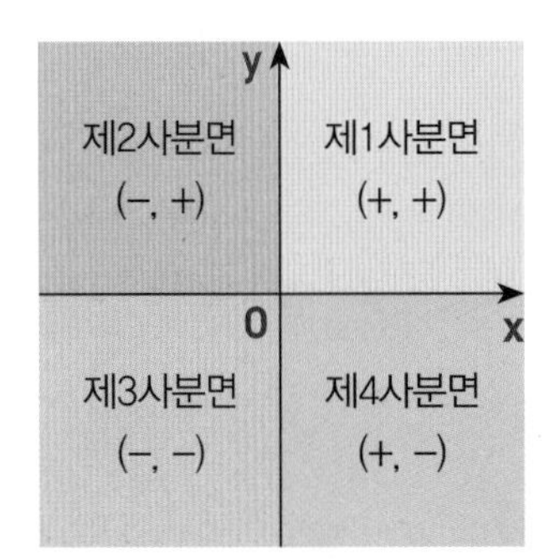

ACT 23

이차함수 $y=ax^2+q$의 그래프

스피드 정답 : 05쪽
친절한 풀이 : 23쪽

• 이차함수 $y=ax^2$의 그래프를 y축의 방향으로 q만큼 평행이동한 것이다.

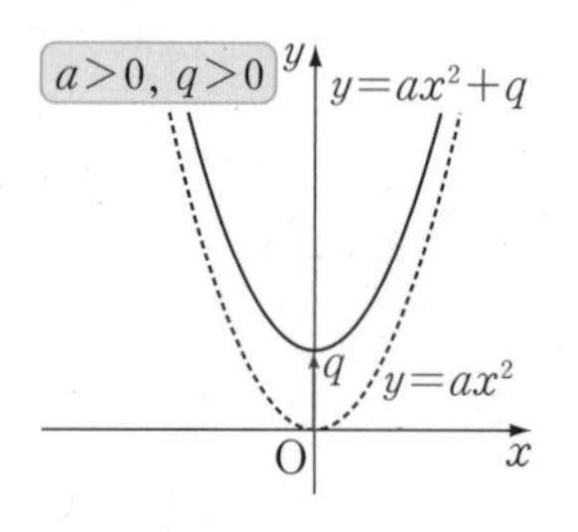

$y=ax^2$ → (y축의 방향으로 q만큼 평행이동) → $y=ax^2+q$

➡ $q>0$이면 y축의 양의 방향(위쪽)으로 평행이동
$q<0$이면 y축의 음의 방향(아래쪽)으로 평행이동

• 꼭짓점의 좌표 : $(0,\ q)$

• 축의 방정식 : $x=0$

참고 그래프를 평행이동하면 그래프의 모양은 변하지 않는다.

＊ 다음 이차함수의 그래프는 이차함수 $y=-5x^2$의 그래프를 y축의 방향으로 얼마만큼 평행이동한 것인지 구하시오.

01 $y=-5x^2+2$

02 $y=-5x^2-\frac{1}{4}$

＊ 다음 이차함수의 그래프를 y축의 방향으로 [ ] 안의 수만큼 평행이동한 그래프의 식을 구하시오.

03 $y=7x^2$ $[-3]$

04 $y=-\frac{1}{2}x^2$ $\left[\frac{1}{4}\right]$

05 $y=\frac{3}{5}x^2$ $[9]$

＊ 이차함수 $y=\frac{1}{3}x^2$의 그래프를 이용하여 다음 이차함수의 그래프를 그리시오.

06 $y=\frac{1}{3}x^2+2$

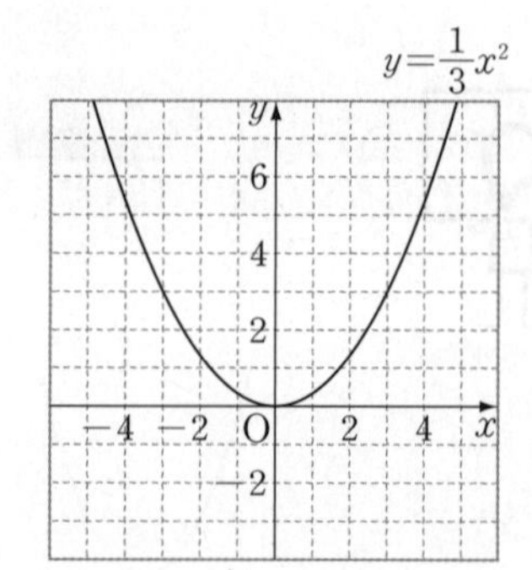

07 $y=\frac{1}{3}x^2-2$

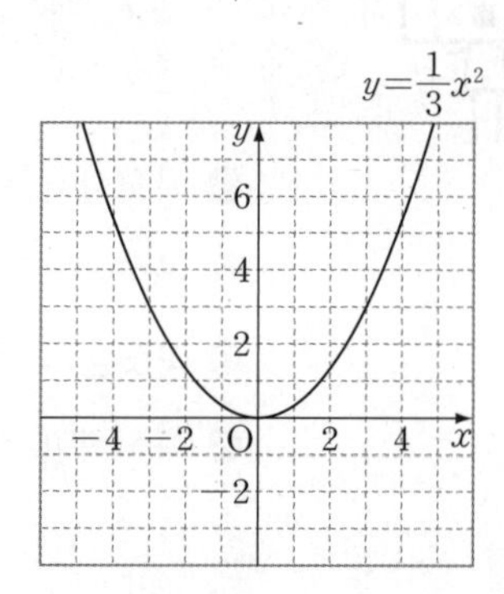

* 다음 이차함수의 그래프를 그리고, 꼭짓점의 좌표와 축의 방정식을 각각 구하시오.

08 $y=-x^2+3$

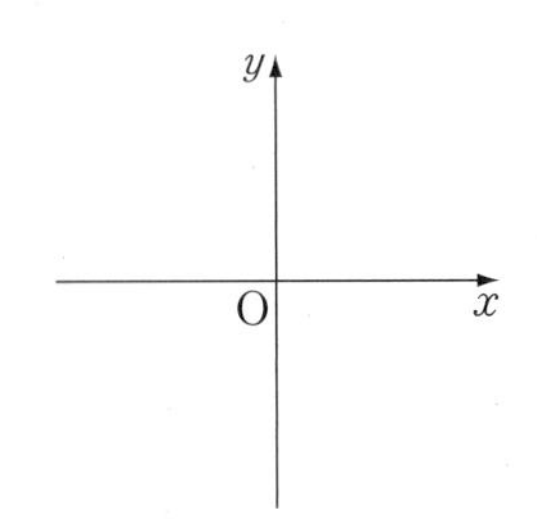

꼭짓점의 좌표 : ____________

축의 방정식 : ____________

09 $y=4x^2-3$

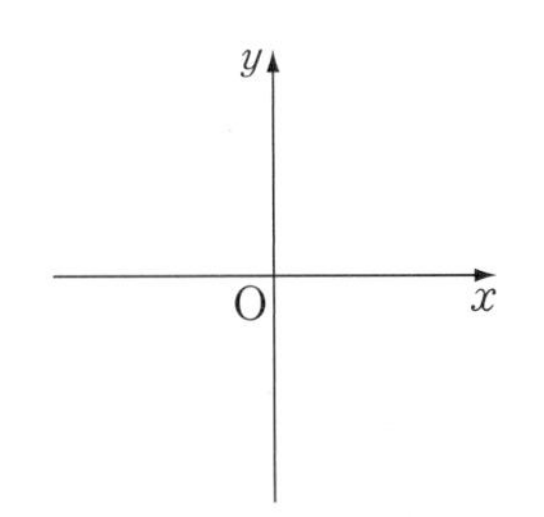

꼭짓점의 좌표 : ____________

축의 방정식 : ____________

10 $y=-\frac{1}{2}x^2+1$

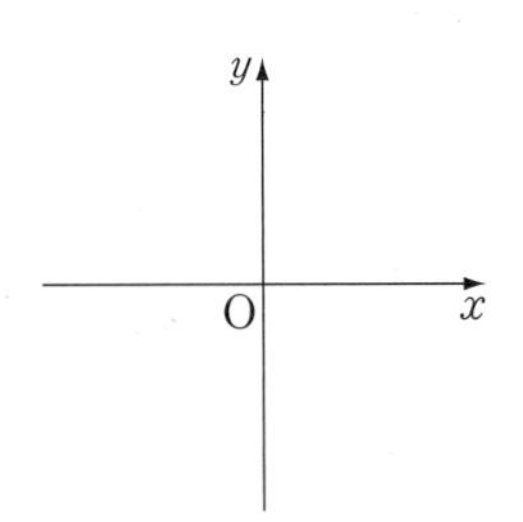

꼭짓점의 좌표 : ____________

축의 방정식 : ____________

* 다음 물음에 답하시오.

11 이차함수 $y=3x^2$의 그래프를 y축의 방향으로 2만큼 평행이동하면 점 $(1,\ k)$를 지난다. 이때 k의 값을 구하시오.

▶ 평행이동한 그래프의 식은

$y=3x^2+\square$

$x=1$, $y=k$를 $y=3x^2+\square$에 대입하면

$k=3\times1^2+\square=\square$

12 이차함수 $y=-\frac{1}{2}x^2$의 그래프를 y축의 방향으로 -3만큼 평행이동하면 점 $(2,\ k)$를 지난다. 이때 k의 값을 구하시오.

13 이차함수 $y=4x^2$의 그래프를 y축의 방향으로 k만큼 평행이동하면 점 $(-1,\ 2)$를 지난다. 이때 k의 값을 구하시오.

14 이차함수 $y=kx^2$의 그래프를 y축의 방향으로 -1만큼 평행이동하면 점 $\left(\frac{1}{2},\ 3\right)$을 지난다. 이때 상수 k의 값을 구하시오.

ACT 24

이차함수 $y=a(x-p)^2$의 그래프

스피드 정답 : 06쪽
친절한 풀이 : 24쪽

- 이차함수 $y=ax^2$의 그래프를 x축의 방향으로 p만큼 평행이동한 것이다.

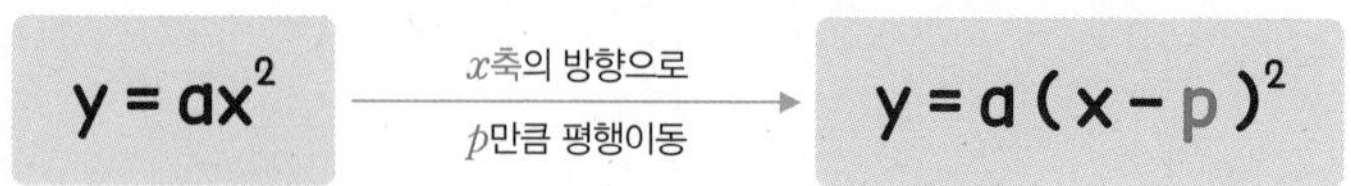

➡ $p>0$이면 x축의 양의 방향(오른쪽)으로 평행이동
$p<0$이면 x축의 음의 방향(왼쪽)으로 평행이동

- 꼭짓점의 좌표 : $(p, 0)$
- 축의 방정식 : $x=p$

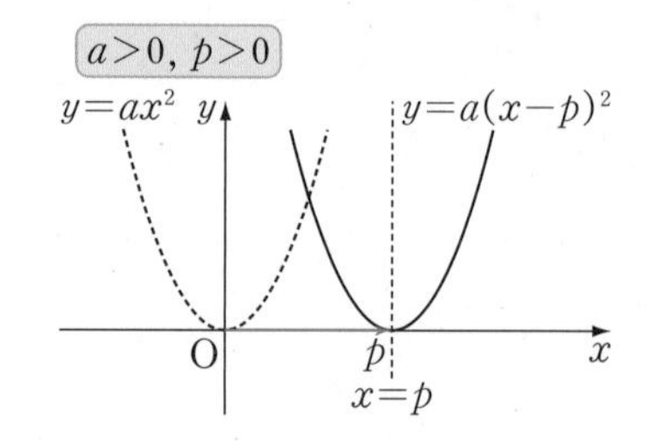

* 다음 이차함수의 그래프는 이차함수 $y=3x^2$의 그래프를 x축의 방향으로 얼마만큼 평행이동한 것인지 구하시오.

01 $y=3(x-2)^2$

02 $y=3\left(x+\frac{1}{4}\right)^2$

* 다음 이차함수의 그래프를 x축의 방향으로 [ ] 안의 수만큼 평행이동한 그래프의 식을 구하시오.

03 $y=-2x^2$ $[7]$

04 $y=\frac{1}{3}x^2$ $[-2]$

05 $y=-\frac{1}{4}x^2$ $\left[\frac{2}{3}\right]$

* 이차함수 $y=\frac{1}{4}x^2$의 그래프를 이용하여 다음 이차함수의 그래프를 그리시오.

06 $y=\frac{1}{4}(x-2)^2$

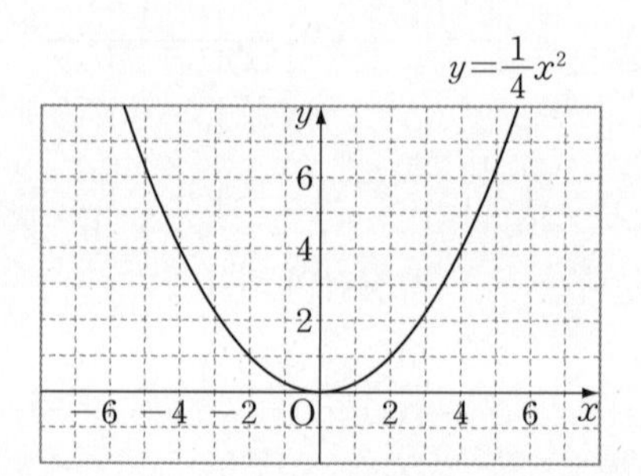

07 $y=\frac{1}{4}(x+2)^2$

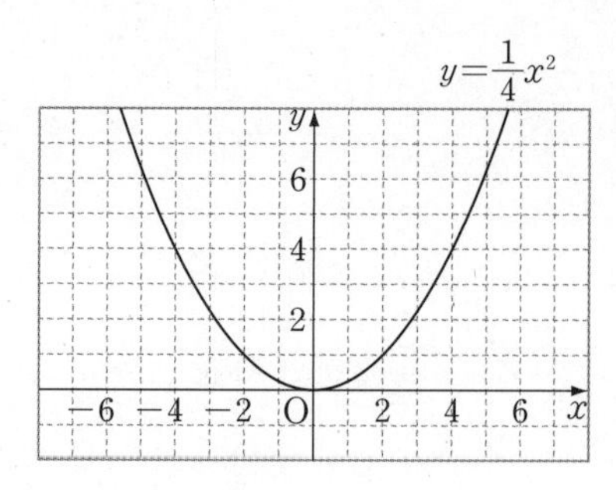

* 다음 이차함수의 그래프를 그리고, 꼭짓점의 좌표와 축의 방정식을 각각 구하시오.

08 $y=4(x-1)^2$

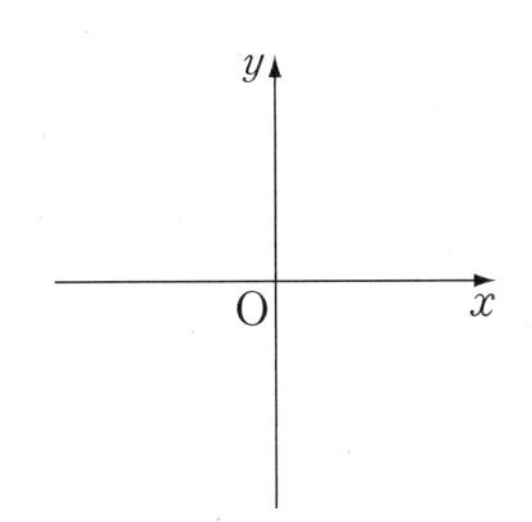

꼭짓점의 좌표 : ____________

축의 방정식 : ____________

09 $y=-2(x+2)^2$

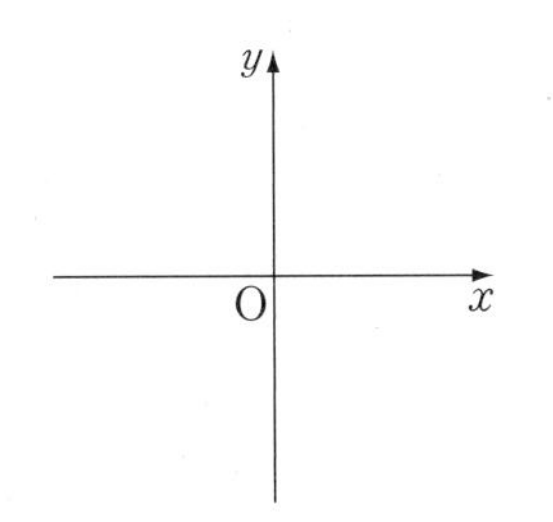

꼭짓점의 좌표 : ____________

축의 방정식 : ____________

10 $y=-\frac{1}{2}\left(x-\frac{1}{2}\right)^2$

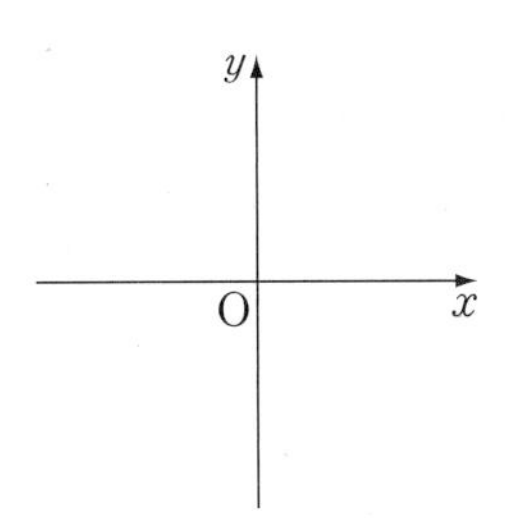

꼭짓점의 좌표 : ____________

축의 방정식 : ____________

* 다음 물음에 답하시오.

11 이차함수 $y=3x^2$의 그래프를 x축의 방향으로 1만큼 평행이동하면 점 $(2, k)$를 지난다. 이때 k의 값을 구하시오.

▶ 평행이동한 그래프의 식은

$y=3(x-\square)^2$

$x=2$, $y=k$를 $y=3(x-\square)^2$에 대입하면

$k=3\times(\square-\square)^2=\square$

12 이차함수 $y=\frac{3}{2}x^2$의 그래프를 x축의 방향으로 -2만큼 평행이동하면 점 $(-4, k)$를 지난다. 이때 k의 값을 구하시오.

13 이차함수 $y=-x^2$의 그래프를 x축의 방향으로 k만큼 평행이동하면 점 $(3, -4)$를 지난다. 이때 k의 값을 모두 구하시오.

14 이차함수 $y=kx^2$의 그래프를 x축의 방향으로 2만큼 평행이동하면 점 $(-1, 6)$을 지난다. 이때 상수 k의 값을 구하시오.

ACT 25

이차함수 $y=a(x-p)^2+q$의 그래프

스피드 정답 : 06쪽
친절한 풀이 : 24쪽

- 이차함수 $y=ax^2$의 그래프를 x축의 방향으로 p만큼, y축의 방향으로 q만큼 평행이동한 것이다.

$y=ax^2$ —(x축의 방향으로 p만큼 / y축의 방향으로 q만큼 평행이동)→ $y=a(x-p)^2+q$

$a>0$, $p>0$, $q>0$

$y=ax^2$ y $y=a(x-p)^2+q$ q O p x $x=p$

- 꼭짓점의 좌표 : (p, q)
- 축의 방정식 : $x=p$

* 다음 이차함수의 그래프는 이차함수 $y=-2x^2$의 그래프를 x축의 방향으로 p만큼, y축의 방향으로 q만큼 평행이동한 것이다. 이때 p, q의 값을 각각 구하시오.

01 $y=-2(x-1)^2+9$

02 $y=-2\left(x+\frac{4}{5}\right)^2+\frac{2}{5}$

* 다음 이차함수의 그래프를 x축의 방향으로 p만큼, y축의 방향으로 q만큼 평행이동한 그래프의 식을 구하시오.

03 $y=2x^2$ $[p=3, q=-1]$

04 $y=-7x^2$ $\left[p=-\frac{1}{3}, q=6\right]$

05 $y=\frac{2}{3}x^2$ $[p=-9, q=-11]$

* 이차함수 $y=\frac{1}{2}x^2$의 그래프를 이용하여 다음 이차함수의 그래프를 그리시오.

06 $y=\frac{1}{2}(x-1)^2+2$

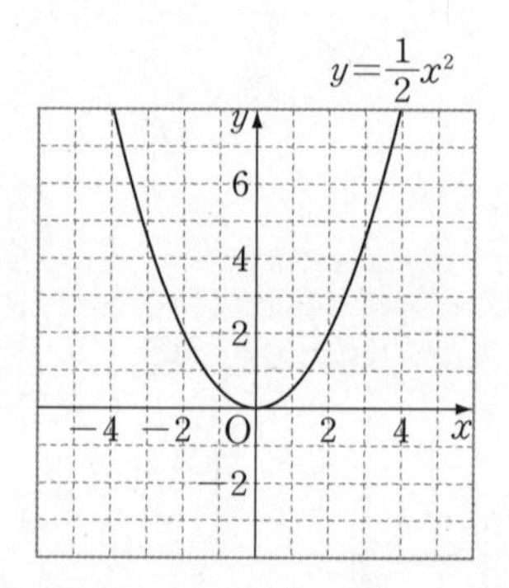

07 $y=\frac{1}{2}(x+2)^2-1$

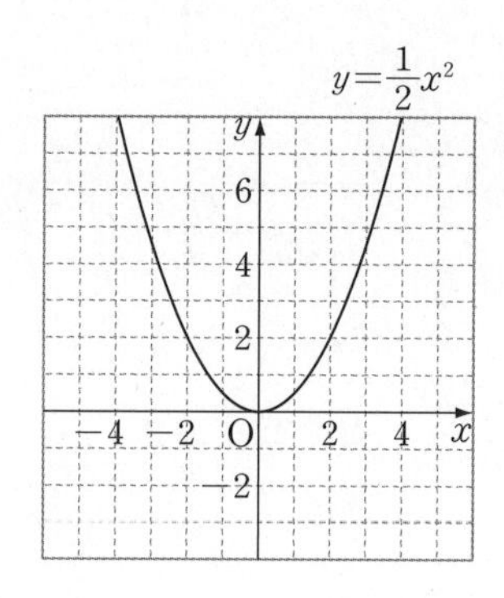

*** 다음 이차함수의 그래프를 그리고, 꼭짓점의 좌표와 축의 방정식을 각각 구하시오.**

08 $y=-2(x-1)^2+3$

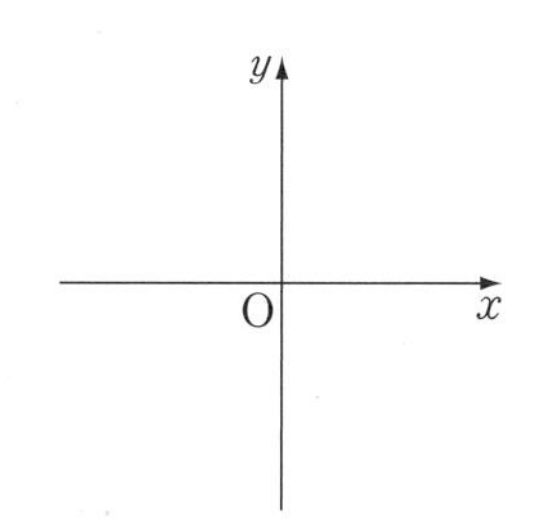

꼭짓점의 좌표 : ____________

축의 방정식 : ____________

09 $y=\frac{1}{3}(x+2)^2-5$

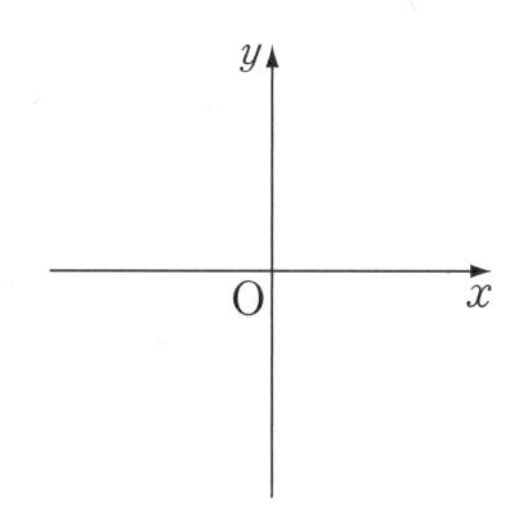

꼭짓점의 좌표 : ____________

축의 방정식 : ____________

10 $y=-\frac{3}{2}\left(x+\frac{2}{3}\right)^2+\frac{5}{3}$

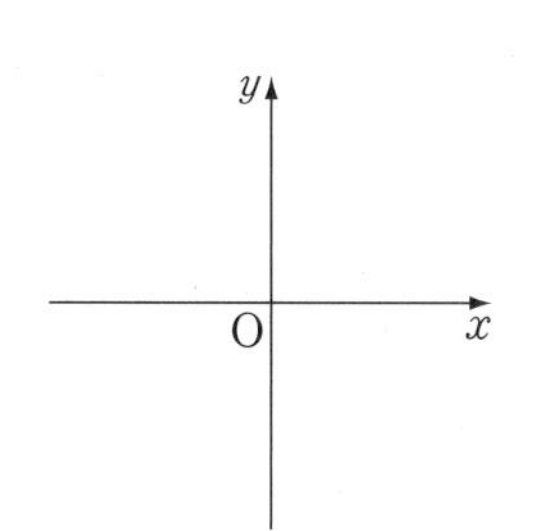

꼭짓점의 좌표 : ____________

축의 방정식 : ____________

*** 다음 물음에 답하시오.**

11 이차함수 $y=-x^2$의 그래프를 x축의 방향으로 2만큼, y축의 방향으로 -3만큼 평행이동하면 점 $(1, k)$를 지난다. 이때 k의 값을 구하시오.

▶ 평행이동한 그래프의 식은

$y=-(x-\square)^2-\square$

$x=1$, $y=k$를

$y=-(x-\square)^2-\square$에 대입하면

$k=-(\square-\square)^2-\square=\square$

12 이차함수 $y=\frac{2}{5}x^2$의 그래프를 x축의 방향으로 -7만큼, y축의 방향으로 2만큼 평행이동하면 점 $(-2, k)$를 지난다. 이때 k의 값을 구하시오.

13 이차함수 $y=-\frac{1}{3}x^2$의 그래프를 x축의 방향으로 k만큼, y축의 방향으로 -3만큼 평행이동하면 점 $(2, -6)$을 지난다. 이때 k의 값을 모두 구하시오.

14 이차함수 $y=kx^2$의 그래프를 x축의 방향으로 -5만큼, y축의 방향으로 3만큼 평행이동하면 점 $(-3, 9)$를 지난다. 이때 상수 k의 값을 구하시오.

ACT 26 이차함수의 그래프의 종합 1

스피드 정답 : 07쪽
친절한 풀이 : 24쪽

$a>0$, $p>0$, $q>0$일 때, 이차함수 $y=ax^2$의 그래프의 평행이동

$y=ax^2$

꼭짓점의 좌표 : $(0, 0)$
축의 방정식 : $x=0$

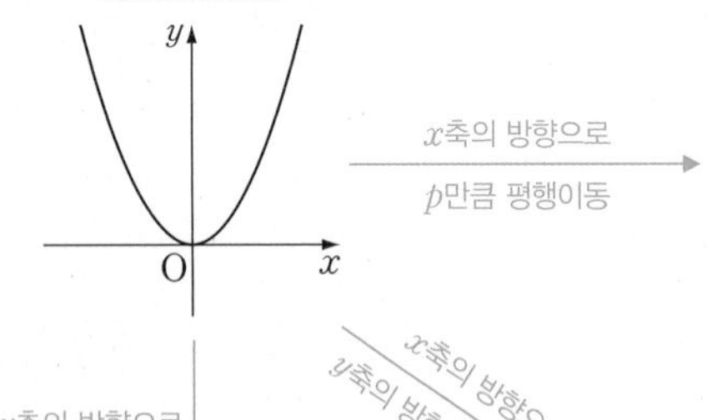

$y=a(x-p)^2$

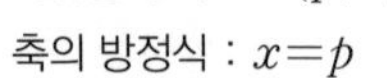

$y=ax^2$, $y=a(x-p)^2$, p, $x=p$

꼭짓점의 좌표 : $(p, 0)$
축의 방정식 : $x=p$

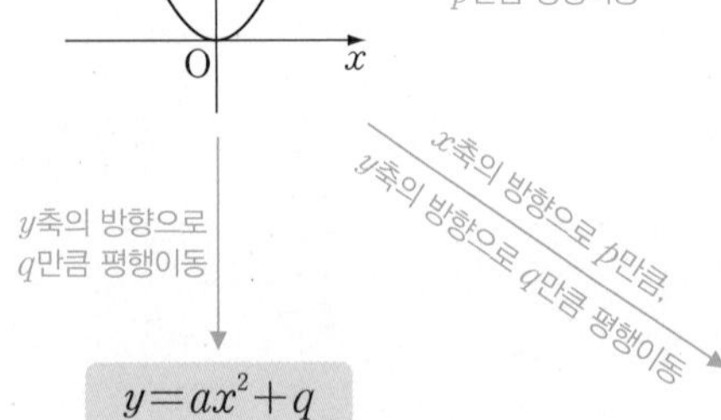

y축의 방향으로
q만큼 평행이동

$y=ax^2+q$

꼭짓점의 좌표 : $(0, q)$
축의 방정식 : $x=0$

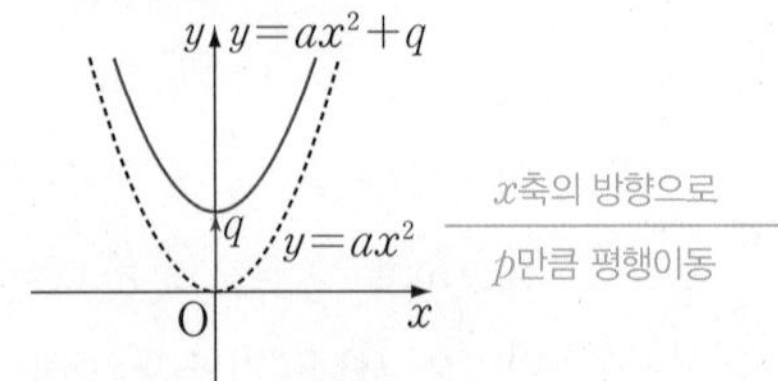

$y=a(x-p)^2+q$

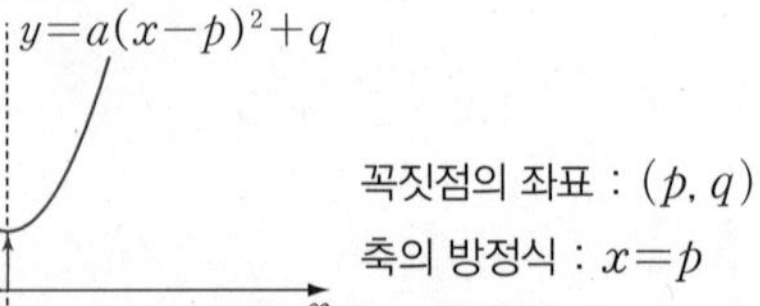

꼭짓점의 좌표 : (p, q)
축의 방정식 : $x=p$

＊ 다음 이차함수의 그래프를 그리고, 꼭짓점의 좌표와 축의 방정식을 각각 구하시오.

01 $y=3x^2$

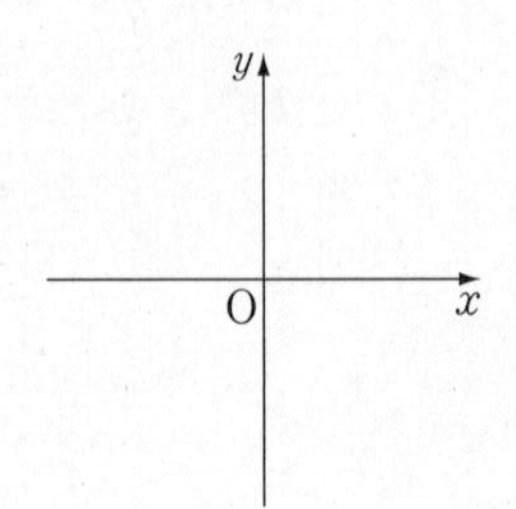

02 $y=-4x^2+2$

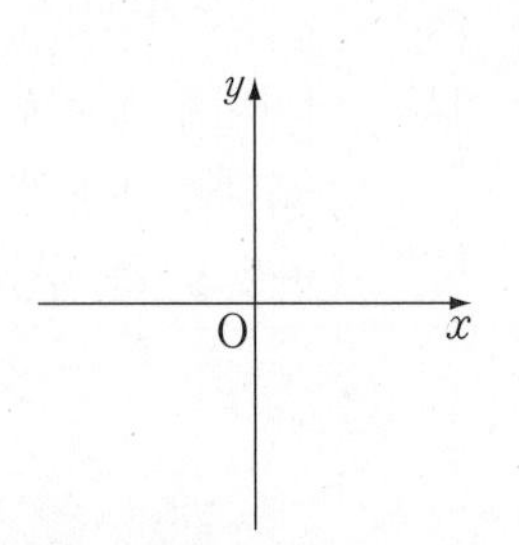

03 $y=2(x-1)^2$

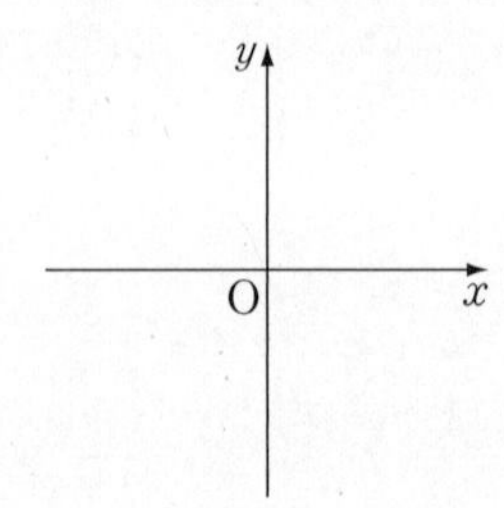

04 $y=(x+3)^2-4$

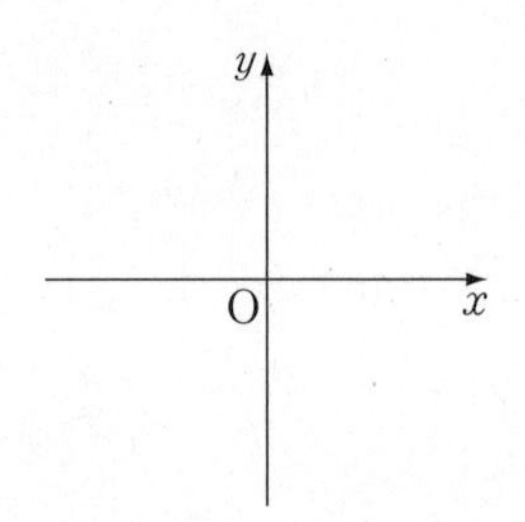

＊ **이차함수 $y=2x^2$의 그래프를 이용하여 다음 이차함수의 그래프를 그리고, □ 안에 알맞은 것을 쓰시오.**

05 $y=2x^2-1$

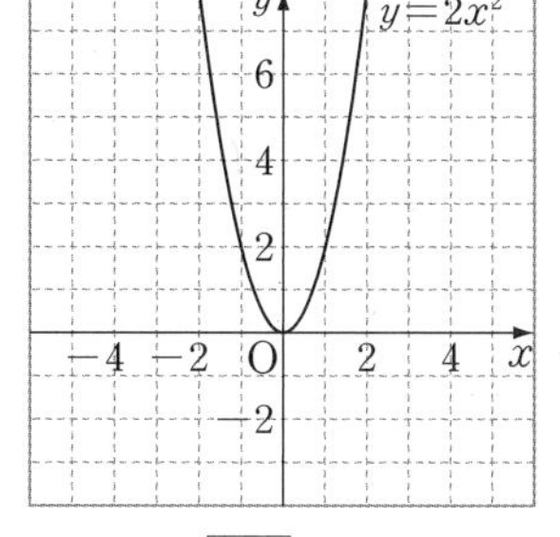

(1) 꼭짓점의 좌표는

(0, □)

(2) 축의 방정식은

$x=$□

(3) 이차함수 $y=2x^2$의 그래프를 □축의 방향으로 □만큼 평행이동한 것이다.

06 $y=2(x-2)^2$

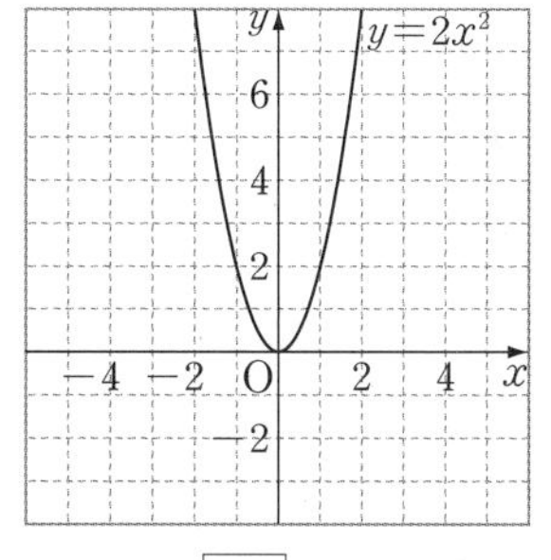

(1) 꼭짓점의 좌표는

(□, 0)

(2) 축의 방정식은

$x=$□

(3) 이차함수 $y=2x^2$의 그래프를 □축의 방향으로 □만큼 평행이동한 것이다.

07 $y=2(x-2)^2-1$

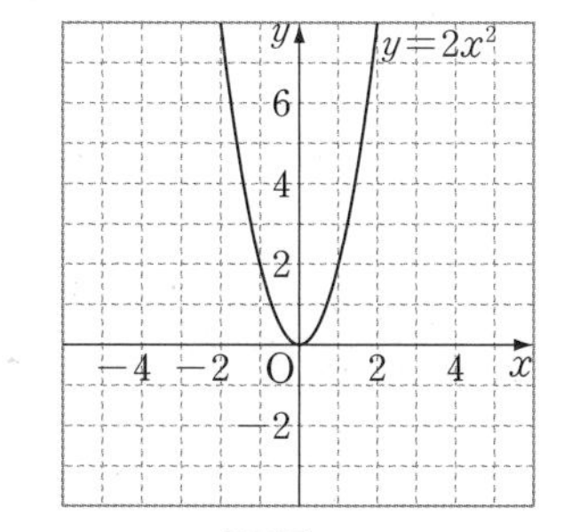

(1) 꼭짓점의 좌표는

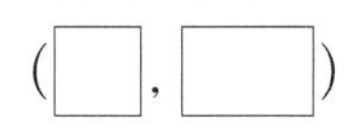
(□, □)

(2) 축의 방정식은

$x=$□

(3) 이차함수 $y=2x^2$의 그래프를 □축의 방향으로

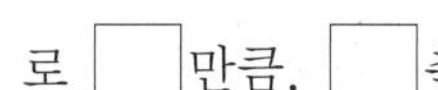
로 □만큼, □축의 방향으로 □만큼 평행이동한 것이다.

＊ **다음 |보기|의 이차함수의 그래프에 대하여 물음에 답하시오.**

|보기|

㉠ $y=\frac{5}{6}x^2$ ㉡ $y=-x^2+9$

㉢ $y=-\frac{2}{3}x^2+\frac{1}{2}$ ㉣ $y=3(x-8)^2$

㉤ $y=-2(x+7)^2-3$ ㉥ $y=-\frac{7}{4}(x-1)^2$

08 아래로 볼록한 그래프를 모두 고르시오.

09 그래프의 폭이 넓은 것부터 차례대로 쓰시오.

10 원점을 지나는 그래프를 고르시오.

11 축의 방정식이 $x=-7$인 그래프를 고르시오.

12 평행이동하여 $y=3x^2$의 그래프와 포갤 수 있는 그래프를 고르시오.

13 점 $(3, -7)$을 지나는 그래프를 고르시오.

ACT 27

이차함수의 그래프의 종합 2

스피드 정답 : 07쪽
친절한 풀이 : 25쪽

* 이차함수 $y=7x^2$의 그래프에 대한 다음 설명 중 옳은 것에는 ○표, 옳지 않은 것에는 ×표를 하고 옳게 고치시오.

01 위로 볼록한 그래프이다. (　　　)

02 꼭짓점의 좌표는 $(0, 0)$이다. (　　　)

03 $y=-7x^2$의 그래프와 x축에 서로 대칭이다. (　　　)

04 $y=3x^2$의 그래프보다 폭이 넓다. (　　　)

05 $x<1$일 때, x의 값이 증가하면 y의 값은 감소한다. (　　　)

06 그래프가 지나는 사분면은 제1, 2사분면이다. (　　　)

* 이차함수 $y=5x^2+2$의 그래프에 대한 다음 설명 중 옳은 것에는 ○표, 옳지 않은 것에는 ×표를 하고 옳게 고치시오.

07 아래로 볼록한 그래프이다. (　　　)

08 x축에 대칭이다. (　　　)

09 꼭짓점의 좌표는 $(2, 0)$이다. (　　　)

10 $y=-5x^2$의 그래프와 폭이 같다. (　　　)

11 점 $(1, 7)$을 지난다. (　　　)

12 제3사분면을 지나지 않는다. (　　　)

* 이차함수 $y=-\frac{1}{3}(x-7)^2$의 그래프에 대한 다음 설명 중 옳은 것에는 ○표, 옳지 않은 것에는 ×표를 하고 옳게 고치시오.

13 위로 볼록한 그래프이다. (　　　)

14 $y=\frac{1}{3}x^2$의 그래프를 평행이동하여 그릴 수 있다. (　　　)

15 축의 방정식은 $x=-7$이다. (　　　)

16 꼭짓점의 좌표는 $(7, 0)$이다. (　　　)

17 그래프가 지나는 사분면은 제3, 4사분면이다. (　　　)

18 y축에 대칭이다. (　　　)

* 이차함수 $y=\frac{1}{10}(x+10)^2-5$의 그래프에 대한 다음 설명 중 옳은 것에는 ○표, 옳지 않은 것에는 ×표를 하고 옳게 고치시오.

19 위로 볼록한 그래프이다. (　　　)

20 $y=\frac{1}{10}x^2$의 그래프를 x축의 방향으로 -10만큼, y축의 방향으로 -5만큼 평행이동한 것이다. (　　　)

21 꼭짓점의 좌표는 $(10, -5)$이다. (　　　)

22 축의 방정식은 $x=-10$이다. (　　　)

23 제1사분면을 지나지 않는다. (　　　)

24 점 $\left(-2, \frac{7}{5}\right)$을 지난다. (　　　)

ACT+ 28

필수 유형 훈련

스피드 정답 : 07쪽
친절한 풀이 : 25쪽

유형 1 이차함수의 식 구하기 : $y=ax^2$

원점을 꼭짓점으로 하고 y축을 축으로 하는 포물선의 식은 다음과 같은 순서로 구한다.

❶ 구하는 이차함수의 식을 $y=ax^2$ $(a\neq0)$으로 놓는다.

❷ $y=ax^2$에 그래프가 지나는 점의 좌표를 대입하여 상수 a의 값을 구한다.

01 오른쪽 그림과 같이 원점을 꼭짓점으로 하고 점 $(3,\ -2)$를 지나는 포물선을 그래프로 하는 이차함수의 식은?

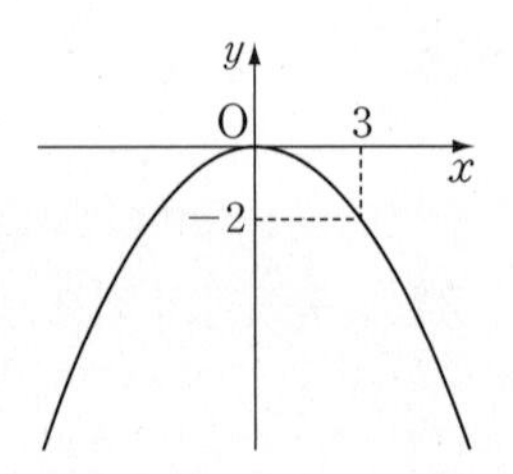

① $y=-\frac{2}{9}x^2$　② $y=-\frac{2}{3}x^2$　③ $y=x^2$　④ $y=\frac{2}{3}x^2$　⑤ $y=\frac{2}{9}x^2$

02 이차함수 $y=f(x)$의 그래프가 오른쪽 그림과 같을 때, $f(4)$의 값을 구하시오.

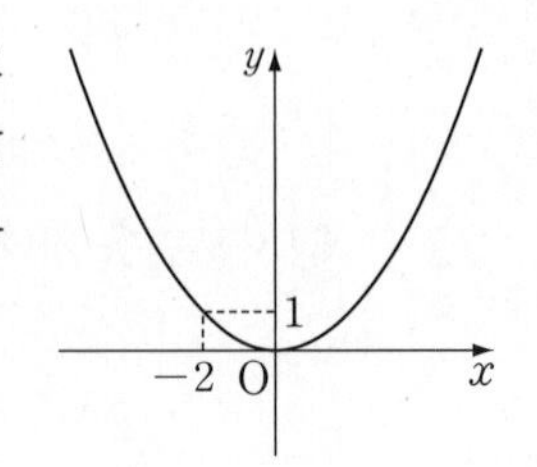

03 원점을 꼭짓점으로 하는 포물선이 두 점 $(2,\ 10)$, $(4,\ k)$를 지날 때, k의 값은?

① 10　② 10　③ 30　④ 40　⑤ 50

유형 2 이차함수의 식 구하기 : $y=ax^2+q$

꼭짓점의 좌표가 $(0,\ q)$인 포물선

➡ 이차함수의 식 : $y=ax^2+q$ $(a\neq0)$

Skill

꼭짓점의 좌표가 달라졌으니까, 유형 1과는 다른 식을 세워야겠지?

04 오른쪽 그림과 같은 포물선을 그래프로 하는 이차함수의 식은?

y
5
O
2
x
-1

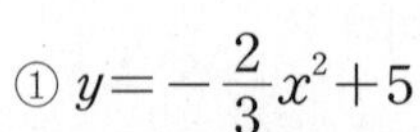

① $y=-\frac{2}{3}x^2+5$
② $y=-x^2+2$
③ $y=x^2-1$
④ $y=\frac{3}{2}x^2-1$
⑤ $y=3x^2+1$

05 이차함수 $y=f(x)$의 그래프가 오른쪽 그림과 같을 때, $f(-2)$의 값을 구하시오.

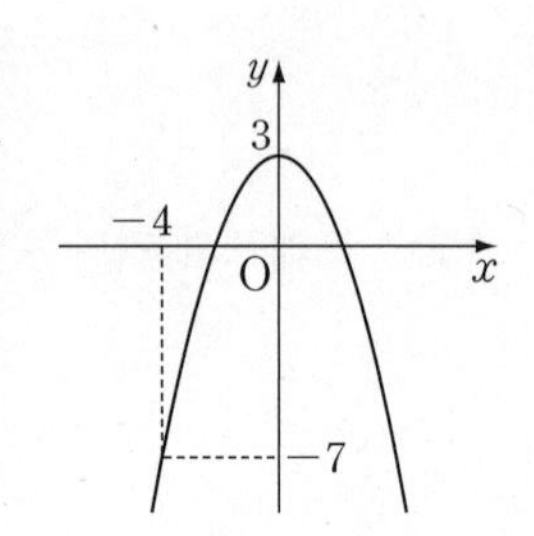

06 꼭짓점의 좌표가 $(0,\ 1)$이고 점 $(-2,\ 3)$을 지나는 이차함수의 그래프가 점 $(-4,\ k)$를 지날 때, k의 값을 구하시오.

유형 3 이차함수의 식 구하기 : $y=a(x-p)^2$

꼭짓점의 좌표가 $(p, 0)$인 포물선

➡ 이차함수의 식 : $y=a(x-p)^2$ $(a\neq0)$

Skill

꼭짓점의 좌표가 바뀌면 세우려는 식이 달라진다는 것에 주의하자.

07 오른쪽 그림과 같은 포물선을 그래프로 하는 이차함수의 식을 구하시오.

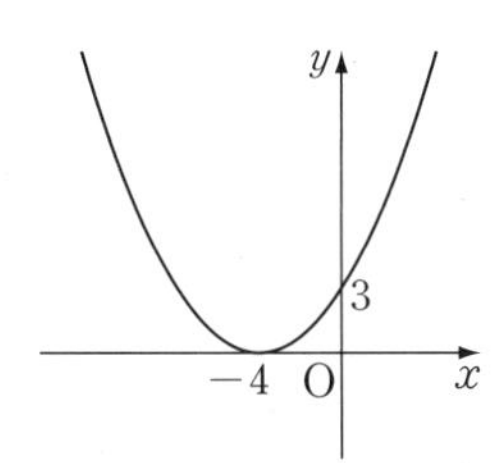

08 이차함수 $y=\frac{2}{3}x^2$의 그래프와 모양이 같고, 직선 $x=6$을 축으로 하는 포물선을 그래프로 하는 이차함수의 식을 $y=a(x-p)^2$이라고 할 때, 상수 a, p에 대하여 ap의 값은?

① $\frac{2}{3}$ ② $\frac{4}{3}$ ③ 2
④ $\frac{10}{3}$ ⑤ 4

09 직선 $x=-1$을 축으로 하고 x축에 접하는 포물선의 y축과의 교점의 좌표가 $(0,\ 4)$일 때, 다음 중 이 포물선을 그래프로 하는 이차함수의 식은?

① $y=-4(x-1)^2$ ② $y=-4(x+1)^2$
③ $y=4(x-1)^2$ ④ $y=4(x+1)^2$
⑤ $y=4(x+4)^2$

유형 4 이차함수의 식 구하기 : $y=a(x-p)^2+q$

꼭짓점의 좌표가 (p, q)인 포물선

➡ 이차함수의 식 : $y=a(x-p)^2+q$ $(a\neq0)$

Skill

4가지로 식이 바뀌는 것을 배웠지만,
이 식 하나를 이용하는 것이 편해.
꼭짓점이 원점이면 p, q 모두 0이니까
$y=a(x-0)^2+0$ ➡ $y=ax^2$

10 이차함수 $y=2x^2$의 그래프와 모양이 같고, 꼭짓점의 좌표가 $(3,\ -5)$인 포물선의 식은?

① $y=-2(x-3)^2-5$
② $y=-2(x-3)^2+5$
③ $y=2(x-3)^2-5$
④ $y=2(x+3)^2-5$
⑤ $y=2(x+3)^2+5$

11 오른쪽 그림은 이차함수 $y=-\frac{1}{3}x^2$의 그래프를 평행이동한 그래프이다. 이 그래프를 나타내는 이차함수의 식을 $y=a(x-p)^2+q$ 꼴로 나타내시오.

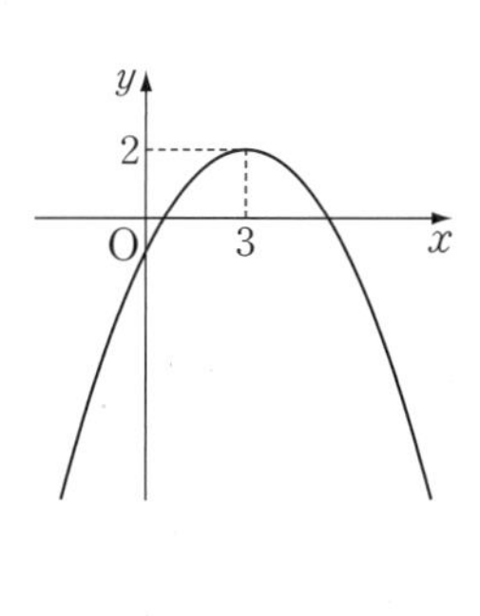

12 꼭짓점의 좌표가 $(3,\ -3)$이고 점 $(2,\ -6)$을 지나는 이차함수의 그래프가 y축과 만나는 점의 좌표를 구하시오.

ACT+ 29

필수 유형 훈련

스피드 정답 : 07쪽
친절한 풀이 : 26쪽

유형 1 이차함수 $y=a(x-p)^2+q$의 그래프에서 a, p, q의 부호

• a의 부호 : 그래프의 모양으로 결정

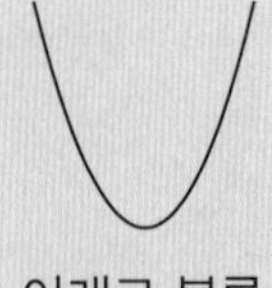

아래로 볼록

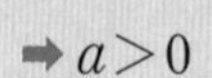

➡ $a>0$

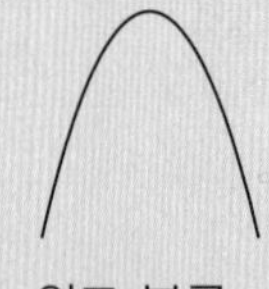

위로 볼록

➡ $a<0$

• p, q의 부호 : 꼭짓점의 위치에 따라 결정

제1사분면	$p>0,\ q>0$
제2사분면	$p<0,\ q>0$
제3사분면	$p<0,\ q<0$
제4사분면	$p>0,\ q<0$

제2사분면 $(-,\ +)$	제1사분면 $(+,\ +)$
제3사분면 $(-,\ -)$	제4사분면 $(+,\ -)$

* **이차함수 $y=a(x-p)^2+q$의 그래프가 다음과 같을 때, ◯ 안에 $>$, $<$ 중 알맞은 것을 쓰시오.**

(단, a, p, q는 상수)

01

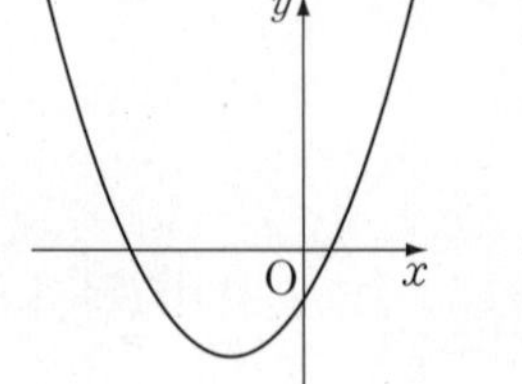

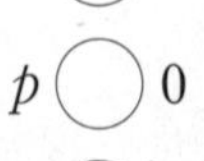

➡ a ◯ 0

p ◯ 0

q ◯ 0

02

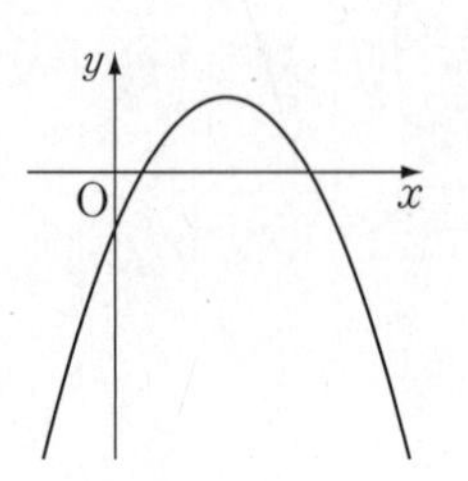

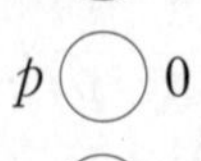

➡ a ◯ 0

p ◯ 0

q ◯ 0

03

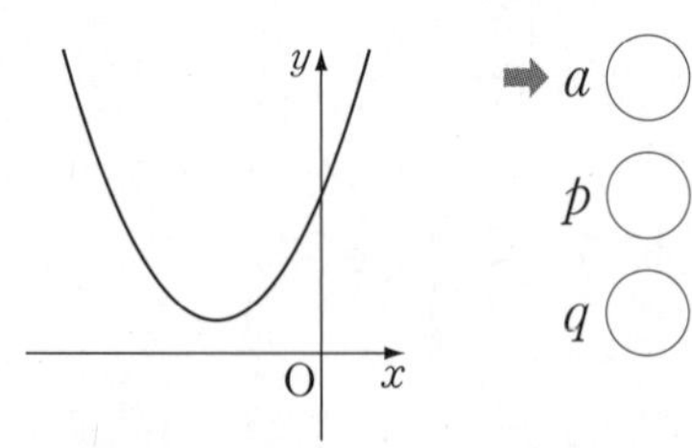

➡ a ◯ 0

p ◯ 0

q ◯ 0

04 이차함수 $y=a(x-p)^2$의 그래프가 오른쪽 그림과 같을 때, a, p의 부호를 각각 구하시오. (단, a, p는 상수)

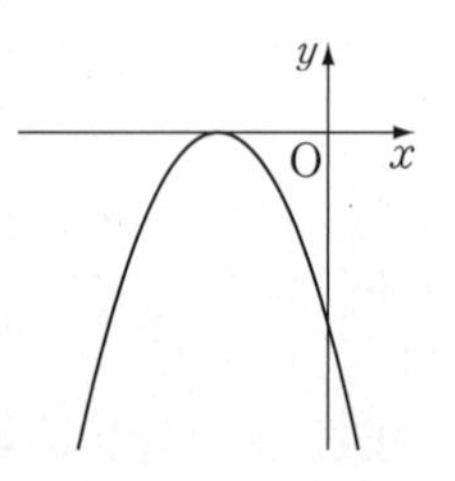

05 이차함수 $y=ax^2+q$의 그래프가 오른쪽 그림과 같을 때, 다음 중 항상 옳은 것은? (단, a, q는 상수)

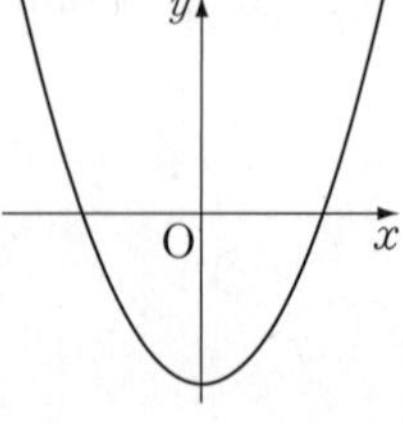

① $a<0$ ② $q>0$ ③ $aq>0$

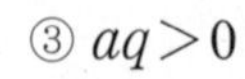

④ $a+q>0$ ⑤ $a-q>0$

06 이차함수 $y=a(x-p)^2+q$의 그래프가 오른쪽 그림과 같을 때, 이차함수 $y=p(x-q)^2+a$의 그래프가 지나는 사분면을 모두 구하시오. (단, a, p, q는 상수)

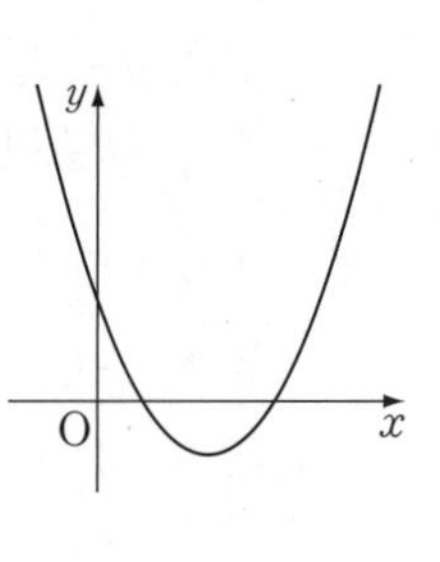

유형 2 이차함수 $y=a(x-p)^2+q$의 그래프의 평행이동

$$y=a(x-p)^2+q \xrightarrow[\text{y축의 방향으로 n만큼 평행이동}]{\text{x축의 방향으로 m만큼}} y=a(x-p-m)^2+q+n$$

- 꼭짓점의 좌표 : (p, q) → $(p+m, q+n)$
- 축의 방정식 : $x=p$ → $x=p+m$
- 이차항의 계수가 변하지 않으므로 그래프의 모양과 폭은 변하지 않는다.

＊ 다음과 같이 평행이동한 그래프를 나타내는 이차함수의 식과 꼭짓점의 좌표를 각각 구하시오.

07 $y=x^2+1$의 그래프를 y축의 방향으로 -3만큼 평행이동

➡ 이차함수의 식 : ______________

꼭짓점의 좌표 : ______________

08 $y=2(x+3)^2$의 그래프를 x축의 방향으로 4만큼 평행이동

➡ 이차함수의 식 : ______________

꼭짓점의 좌표 : ______________

09 $y=-(x-5)^2+9$의 그래프를 x축의 방향으로 2만큼, y축의 방향으로 -6만큼 평행이동

➡ 이차함수의 식 : ______________

꼭짓점의 좌표 : ______________

10 이차함수 $y=-2(x+7)^2-11$의 그래프를 x축의 방향으로 p만큼, y축의 방향으로 q만큼 평행이동하였더니 $y=-2x^2$의 그래프와 일치하였다. 이때 $p-q$의 값은?

① -18 ② -4 ③ -2
④ 4 ⑤ 18

11 이차함수 $y=a(x-2)^2$의 그래프를 x축의 방향으로 5만큼 평행이동하면 점 $(-1, 8)$을 지난다. 이때 상수 a의 값은?

① $\frac{1}{16}$ ② $\frac{1}{10}$ ③ $\frac{1}{8}$
④ $\frac{1}{6}$ ⑤ $\frac{1}{4}$

12 이차함수 $y=4(x-3)^2+7$의 그래프를 x축의 방향으로 p만큼, y축의 방향으로 q만큼 평행이동하였더니 $y=4(x-1)^2-2$의 그래프와 일치하였다. 이때 $p+q$의 값을 구하시오.

TEST 06

단원 평가

01 다음 중 이차함수가 아닌 것은?

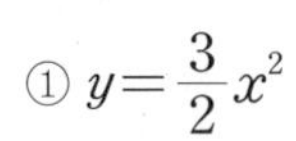

① $y=\frac{3}{2}x^2$　② $y=3x+2$

③ $y=x^2+4x-1$　④ $y=(x-3)^2-x$

⑤ $y=x+x^2$

02 이차함수 $y=ax^2$의 그래프가 오른쪽 그림과 같을 때, ㉠, ㉡, ㉢을 상수 a의 값이 작은 것부터 차례대로 쓰시오.

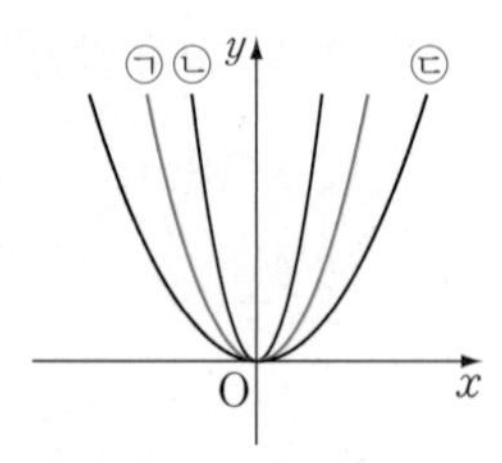

＊ 다음 |보기|의 이차함수의 그래프에 대하여 물음에 답하시오. (03~05)

|보기|

㉠ $y=2x^2$　㉡ $y=-\frac{2}{3}x^2$

㉢ $y=-\frac{1}{2}x^2$　㉣ $y=-\frac{1}{5}x^2$

㉤ $y=4x^2$　㉥ $y=\frac{3}{4}x^2$

03 아래로 볼록한 그래프를 모두 고르시오.

04 폭이 가장 좁은 그래프를 고르시오.

05 $x>0$일 때, x의 값이 증가하면 y의 값은 감소하는 그래프를 모두 고르시오.

06 다음 중 이차함수 $y=-\frac{3}{2}x^2$의 그래프가 지나는 점은?

① $\left(1,\ \frac{3}{2}\right)$　② $(2,\ 3)$　③ $\left(-1,\ -\frac{3}{2}\right)$

④ $(-4,\ 9)$　⑤ $(-2,\ 6)$

07 이차함수 $y=ax^2$의 그래프가 점 $(3,\ -3)$을 지날 때, 상수 a의 값을 구하시오.

08 이차함수 $y=f(x)$의 그래프가 오른쪽 그림과 같을 때, $f(-8)$의 값을 구하시오.

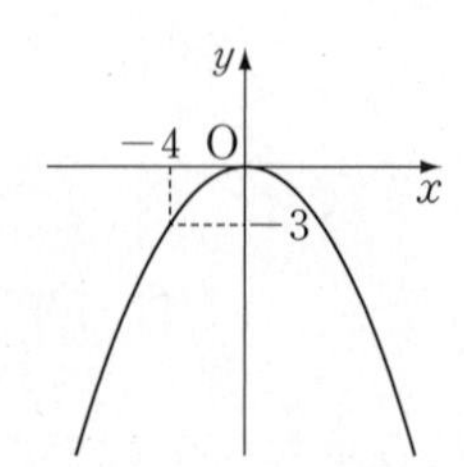

＊ 다음 이차함수의 그래프를 그리고, 꼭짓점의 좌표와 축의 방정식을 각각 구하시오. (09~10)

09 $y=\frac{1}{3}x^2-1$

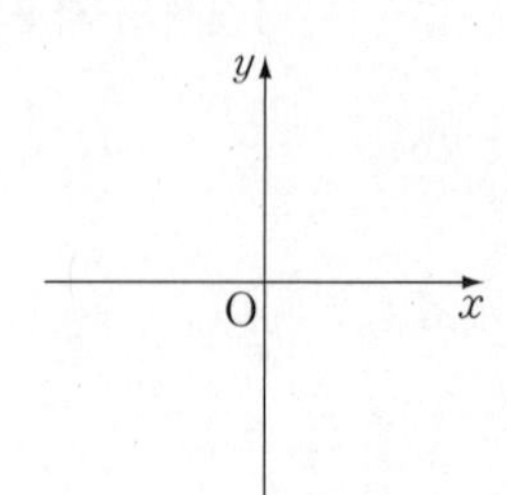

10 $y=\frac{1}{3}(x+3)^2$

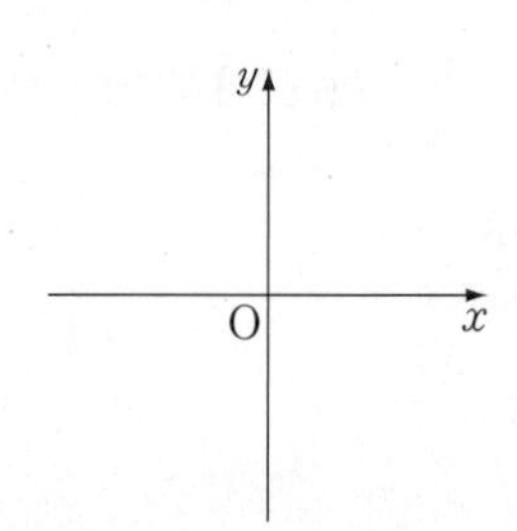

*** 다음 이차함수의 그래프를 x축의 방향으로 p만큼, y축의 방향으로 q만큼 평행이동한 그래프의 식을 구하시오. (11 ~ 12)**

11 $y=4x^2$ $[p=-4, q=3]$

12 $y=-\frac{1}{7}x^2$ $\left[p=\frac{3}{2}, q=-2\right]$

13 이차함수 $y=-2x^2$의 그래프를 y축의 방향으로 -3만큼 평행이동하면 점 $(-1, k)$를 지난다. 이때 k의 값을 구하시오.

14 이차함수 $y=4x^2$의 그래프를 x축의 방향으로 2만큼 평행이동하면 점 $(-3, k)$를 지난다. 이때 k의 값을 구하시오.

*** 다음 |보기|의 이차함수의 그래프에 대하여 물음에 답하시오. (15 ~ 16)**

|보기|

ㄱ $y=-\frac{1}{3}(x-5)^2$

ㄴ $y=-5(x+3)^2-6$

ㄷ $y=7x^2+2$

ㄹ $y=(x+4)^2+3$

15 위로 볼록한 그래프를 모두 고르시오.

16 그래프의 폭이 넓은 것부터 차례대로 쓰시오.

17 이차함수 $y=\frac{4}{5}x^2$의 그래프와 모양이 같고, 꼭짓점의 좌표가 $(-4, 2)$인 포물선의 식을 구하시오.

18 다음 중 이차함수 $y=-\frac{1}{2}(x+3)^2-1$의 그래프에 대한 설명으로 옳지 않은 것은?

① 위로 볼록한 그래프이다.

② $y=-\frac{1}{2}x^2$의 그래프를 x축의 방향으로 -3만큼, y축의 방향으로 -1만큼 평행이동한 것이다.

③ 꼭짓점의 좌표는 $(-3, -1)$이다.

④ 축의 방정식은 $x=3$이다.

⑤ 제3사분면과 제4사분면을 지난다.

19 이차함수 $y=a(x-p)^2+q$의 그래프가 오른쪽 그림과 같을 때, a, p, q의 부호를 각각 구하시오. (단, a, p, q는 상수)

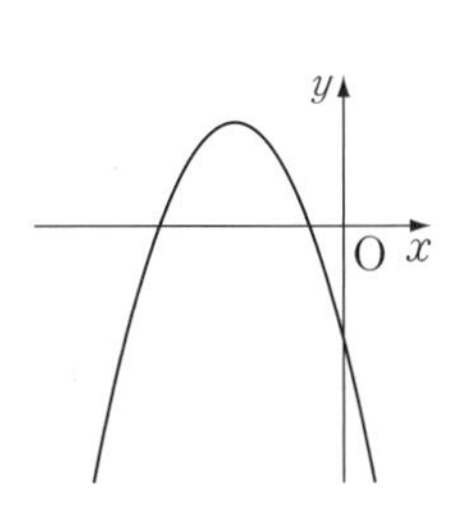

20 이차함수 $y=3(x+2)^2-6$의 그래프를 x축의 방향으로 p만큼, y축의 방향으로 q만큼 평행이동하였더니 $y=3(x-1)^2+4$의 그래프와 일치하였다. 이때 $p+q$의 값을 구하시오.

쉬어 가기

스도쿠 게임

＊ 게임 규칙

❶ 모든 가로줄, 세로줄에 각 1에서 9까지의 숫자를 겹치지 않게 배열한다.

❷ 가로, 세로 3칸씩 이루어진 9칸의 격자 안에도 1에서 9까지의 숫자를 겹치지 않게 배열한다.

8			7		3	9		
	7		6			2	8	5
	1		2	9	8			7
	2		3		6	7		4
7		3	1	4				
4			9		2			3
9	8			2	7	4		
	3	4	8			5		9
	5	7		3			2	8

답

8	4	2	7	5	3	9	1	6
3	7	9	6	1	4	2	8	5
6	1	5	2	9	8	3	4	7
5	2	1	3	8	6	7	9	4
7	9	3	1	4	5	8	6	2
4	6	8	9	7	2	1	5	3
9	8	6	5	2	7	4	3	1
2	3	4	8	6	1	5	7	9
1	5	7	4	3	9	6	2	8

Chapter Ⅶ

이차함수의 그래프 (2)

keyword

이차함수 $y=ax^2+bx+c$의 그래프,
그래프 그리기, 그래프의 성질, 평행이동,
이차함수의 식 구하기

VISUAL IDEA 5

이차함수 $y=ax^2+bx+c$의 그래프

Ⅴ 이차함수 $y=ax^2+bx+c$의 변형 "꼭짓점의 좌표 찾기"

$y=ax^2+bx+c$

[그래프의 모양] $a>0$이면 아래로 볼록(∪)
$a<0$이면 위로 볼록(∩)

[y축과의 교점] $(0, c)$ → y절편은 c

BUT 축의 방정식과 꼭짓점의 좌표는? 형태를 $y=a(x-p)^2+q$ 꼴로 바꾸자!

$$y=ax^2+bx+c$$

$$=a\left(x^2+\frac{b}{a}x\right)+c$$

① 이차항과 일차항을 이차항의 계수로 묶는다.

$$=a\left\{x^2+2\cdot\frac{b}{2a}x+\left(\frac{b}{2a}\right)^2-\left(\frac{b}{2a}\right)^2\right\}+c$$

② 완전제곱식의 인수분해를 이용한다.
→ $\left(\frac{b}{a}\text{의 절반}\right)^2$을 더하고 뺀다.

$$=a\left(x+\frac{b}{2a}\right)^2-\frac{b^2}{4a}+c$$

$$=a\left(x+\frac{b}{2a}\right)^2-\frac{b^2-4ac}{4a}$$

③ 꼭짓점의 좌표 : $\left(-\frac{b}{2a}, -\frac{b^2-4ac}{4a}\right)$

축의 방정식 : $x=-\frac{b}{2a}$, 꼭짓점의 좌표 : $\left(-\frac{b}{2a}, -\frac{b^2-4ac}{4a}\right)$

Ⓥ 이차함수 $y=ax^2+bx+c$의 그래프 그리기

$y=ax^2+bx+c$를 $y=a(x-p)^2+q$ 꼴로 바꿔서 그리자.

$$y=ax^2+bx+c \rightarrow y=a\left(x+\frac{b}{2a}\right)^2-\frac{b^2-4ac}{4a}$$

❶ 꼭짓점 표시하기

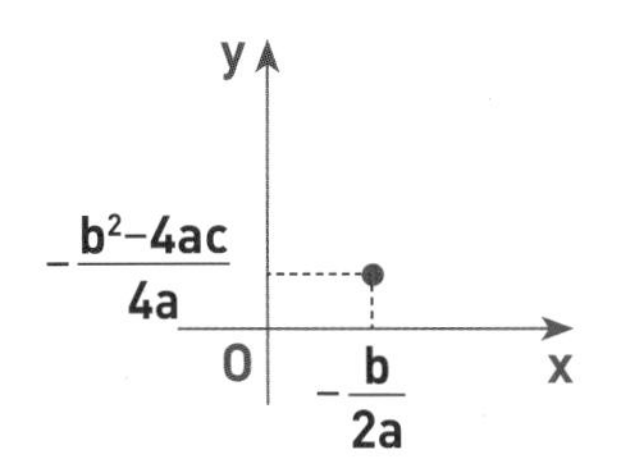

❷ y축과의 교점 (0, c) 찍기

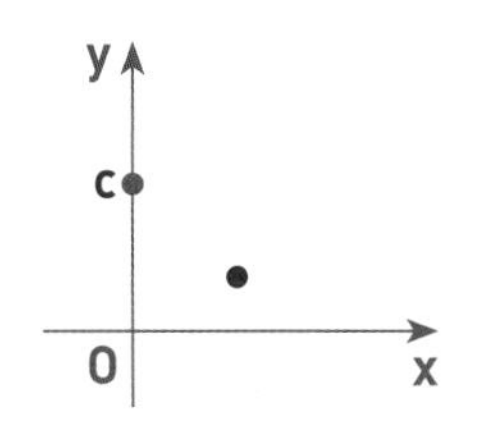

❸ 모양을 결정하여 그리기

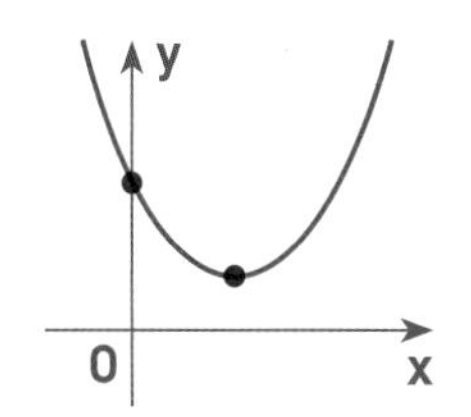

Ⓥ 이차함수 $y=ax^2+bx+c$의 그래프에서 a, b, c의 부호

a의 부호는 그래프의 모양으로 결정된다.

- 아래로 볼록 ➡ $a>0$
- 위로 볼록 ➡ $a<0$

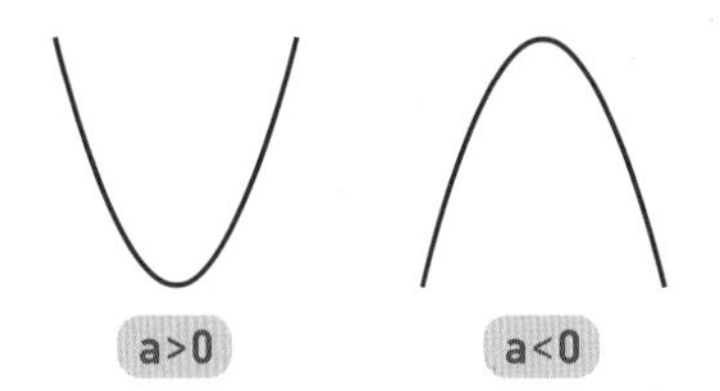

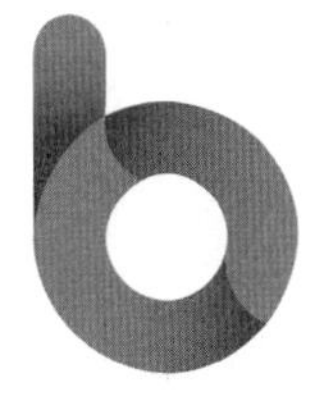

b의 부호는 축의 위치로 결정된다.

- 축이 y축의 왼쪽 ➡ $ab>0$ (a, b는 같은 부호)
- 축이 y축 ➡ $b=0$
- 축이 y축의 오른쪽 ➡ $ab<0$ (a, b는 다른 부호)

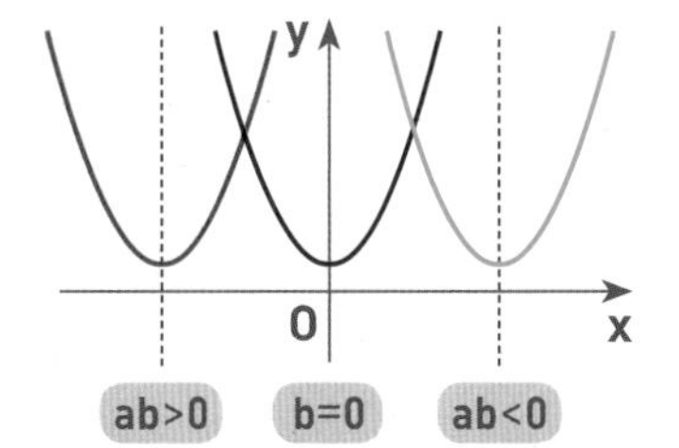

c의 부호는 y축과의 교점의 위치로 결정된다.

- y축과의 교점이 x축보다 위쪽 ➡ $c>0$
- y축과의 교점이 원점 ➡ $c=0$
- y축과의 교점이 x축보다 아래쪽 ➡ $c<0$

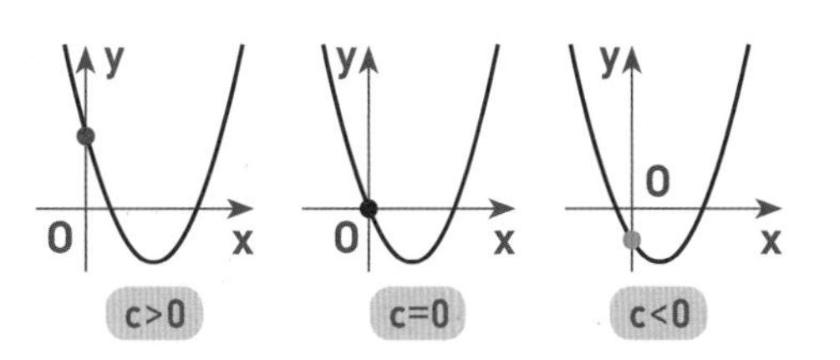

ACT 30

이차함수 $y=ax^2+bx+c$의 그래프

스피드 정답 : 08쪽
친절한 풀이 : 28쪽

이차함수 $y=ax^2+bx+c$의 그래프

이차함수 $y=ax^2+bx+c$의 그래프는 $y=a(x-p)^2+q$ 꼴로 고쳐 그릴 수 있다.

$y=ax^2+bx+c$

$\Rightarrow y=a\left(x+\frac{b}{2a}\right)^2-\frac{b^2-4ac}{4a}$

- 꼭짓점의 좌표 : $\left(-\frac{b}{2a}, -\frac{b^2-4ac}{4a}\right)$
- 축의 방정식 : $x=-\frac{b}{2a}$
- y축과의 교점의 좌표 : $(0, c)$

이차함수 $y=ax^2+bx+c$의 그래프와 x축, y축과의 교점

- x축과의 교점 : $y=0$을 대입하여 x의 값을 구한다.
- y축과의 교점 : $x=0$을 대입하여 y의 값을 구한다.

*** 다음은 이차함수 $y=ax^2+bx+c$를 $y=a(x-p)^2+q$ 꼴로 고치는 과정이다. □ 안에 알맞은 수를 쓰시오.**

01 $y=2x^2+4x-5$

$=2(x^2+2x)-5$

$=2(x^2+2x+\square-\square)-5$

$=2(x+\square)^2-\square-5$

$=2(x+\square)^2-\square$

02 $y=\frac{1}{3}x^2-2x+2$

$=\frac{1}{3}(x^2-\square x)+2$

$=\frac{1}{3}(x^2-\square x+\square-\square)+2$

$=\frac{1}{3}(x-\square)^2-\square+2$

$=\frac{1}{3}(x-\square)^2-\square$

*** 다음 이차함수의 식을 $y=a(x-p)^2+q$ 꼴로 나타내시오.**

03 $y=x^2+2x-7$

04 $y=-3x^2-12x+5$

05 $y=\frac{1}{4}x^2-x+\frac{1}{2}$

* 다음 이차함수의 그래프의 축의 방정식, 꼭짓점의 좌표와 y절편을 각각 구하시오.

06 $y=x^2-4x-3$

축의 방정식 : ____________

꼭짓점의 좌표 : ____________

y절편 : ____________

07 $y=2x^2+12x$

축의 방정식 : ____________

꼭짓점의 좌표 : ____________

y절편 : ____________

08 $y=-5x^2+10x+1$

축의 방정식 : ____________

꼭짓점의 좌표 : ____________

y절편 : ____________

09 $y=-\frac{1}{2}x^2+3x+\frac{5}{2}$

축의 방정식 : ____________

꼭짓점의 좌표 : ____________

y절편 : ____________

* 다음 이차함수의 그래프가 x축과 만나는 점의 좌표를 모두 구하시오.

10 $y=x^2+x-6$

▶ $y=\square$을 대입하면 $x^2+x-6=\square$

$(x+\square)(x-\square)=0$

$\therefore x=\square$ 또는 $x=\square$

따라서 x축과의 교점의 좌표는

$(\square, 0)$, $(2, 0)$이다.

11 $y=(x-3)(x+7)$

12 $y=-2x^2-4x+6$

13 $y=4x^2-4x-15$

시험에는 이렇게 나온다.

14 이차함수 $y=x^2+6x-4$의 그래프의 축의 방정식 $x=a$이고 꼭짓점의 좌표가 (p, q)일 때, $a+p-q$의 값을 구하시오.

이차함수 $y=ax^2+bx+c$의 그래프 그리기

스피드 정답 : 08쪽
친절한 풀이 : 28쪽

이차함수 $y=2x^2-4x+1$의 그래프 그리기

❶ $y=a(x-p)^2+q$ 꼴로 고치기

➡ $y=2x^2-4x+1$
$=2(x^2-2x)+1$
$=2(x^2-2x+1-1)+1$
$=2(x-1)^2-2+1$
$=2(x-1)^2-1$

❷ 꼭짓점의 좌표와 y축과의 교점의 좌표 구하기

➡ 꼭짓점의 좌표 : $(1, -1)$
y축과의 교점의 좌표 : $(0, 1)$

❸ $x=p$가 축이고, ❷의 두 점을 지나는 포물선 그리기

➡ 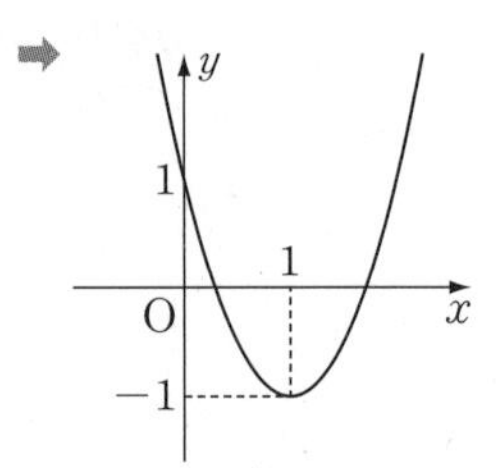

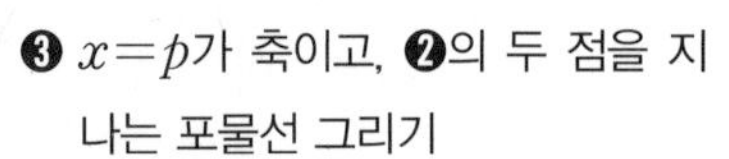

＊ 다음 이차함수의 그래프의 꼭짓점의 좌표, y축과의 교점의 좌표를 각각 구하고, 그 그래프를 그리시오.

01 $y=x^2+4x+3$

➡ 꼭짓점의 좌표 : (☐, ☐)

y축과의 교점의 좌표 : (☐, ☐)

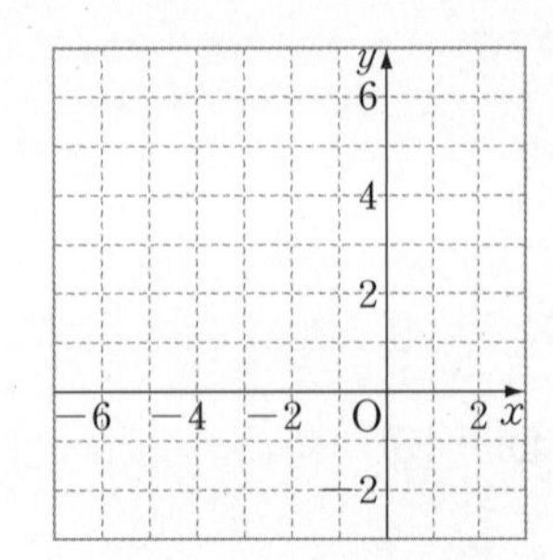

02 $y=-2x^2+8x-3$

➡ 꼭짓점의 좌표 : (☐, ☐)

y축과의 교점의 좌표 : (☐, ☐)

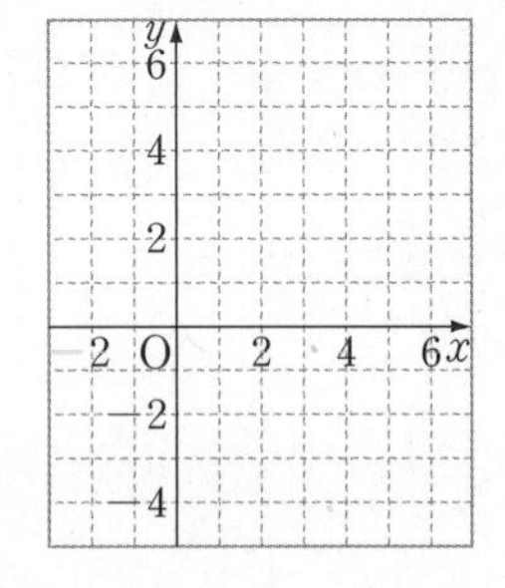

03 $y=\frac{1}{2}x^2+4x+7$

➡ 꼭짓점의 좌표 : (☐, ☐)

y축과의 교점의 좌표 : (☐, ☐)

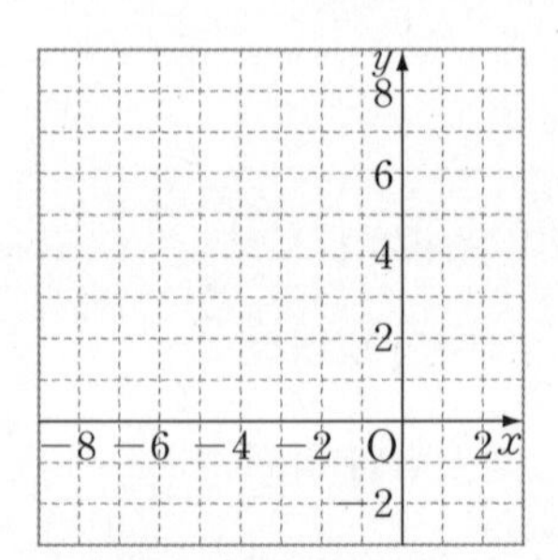

04 $y=-\frac{1}{3}x^2+2x-5$

➡ 꼭짓점의 좌표 : (☐, ☐)

y축과의 교점의 좌표 : (☐, ☐)

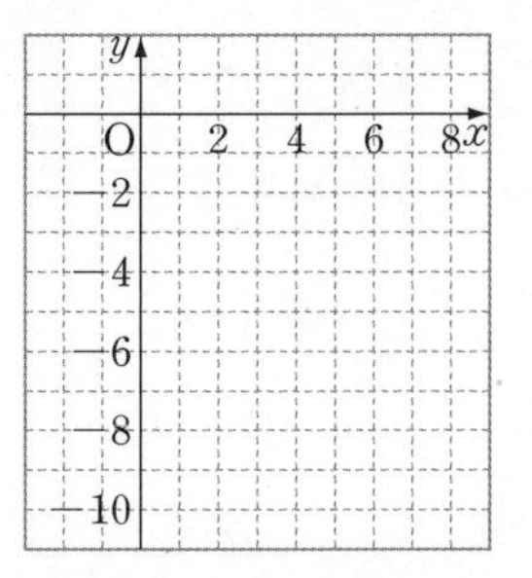

* 다음 이차함수의 식을 $y=a(x-p)^2+q$ 꼴로 고치고 그래프를 좌표평면 위에 그리시오. 또한 이 그래프에 대한 설명으로 알맞은 것을 □ 안에 쓰시오.

05 $y=3x^2-6x+4$ ➡ ____________

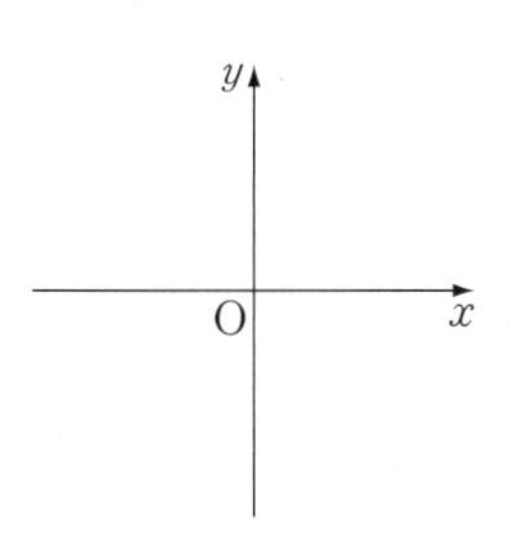

(1) 이차함수 $y=$□의 그래프를 x축의 방향으로 □만큼, y축의 방향으로 □만큼 평행이동한 것이다.

(2) 꼭짓점의 좌표는 □이다.

(3) 축의 방정식은 □이다.

(4) □로 볼록한 그래프이다.

06 $y=-x^2-4x+2$ ➡ ____________

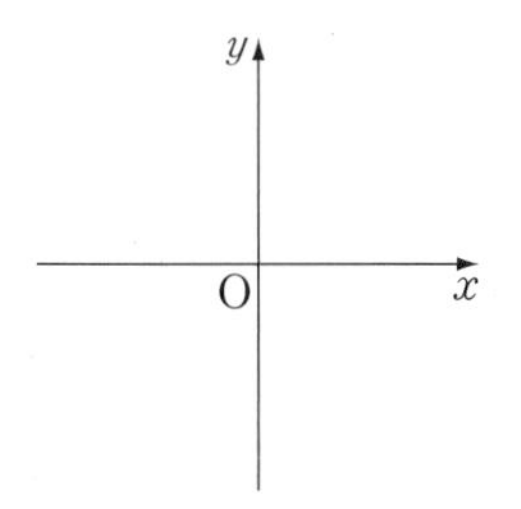

(1) 이차함수 $y=$□의 그래프를 x축의 방향으로 □만큼, y축의 방향으로 □만큼 평행이동한 것이다.

(2) 꼭짓점의 좌표는 □이다.

(3) 축의 방정식은 □이다.

(4) □로 볼록한 그래프이다.

07 $y=\frac{1}{3}x^2+2x-1$ ➡ ____________

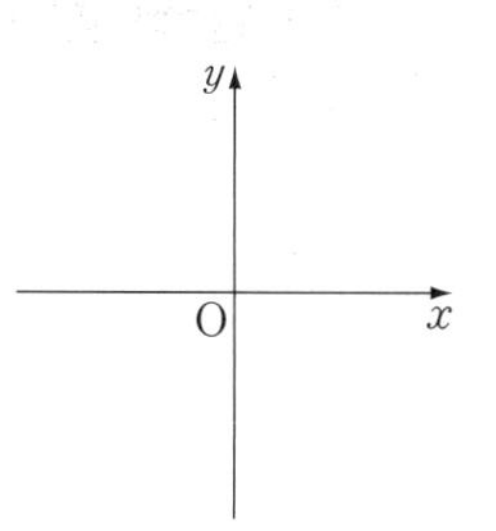

(1) 이차함수 $y=$□의 그래프를 x축의 방향으로 □만큼, y축의 방향으로 □만큼 평행이동한 것이다.

(2) 꼭짓점의 좌표는 □이다.

(3) 축의 방정식은 □이다.

(4) □로 볼록한 그래프이다.

시험에는 이렇게 나온대.

08 다음 중 이차함수 $y=\frac{1}{2}x^2-3x-\frac{3}{2}$의 그래프는?

①
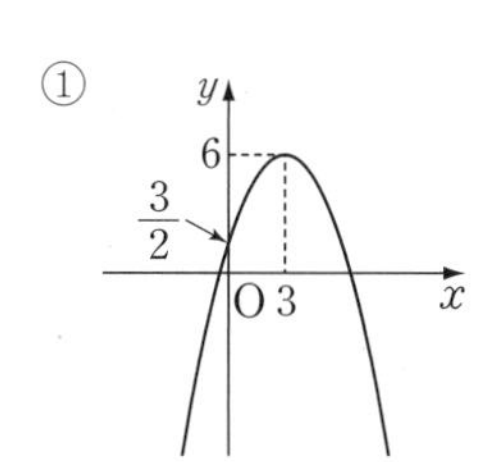

②
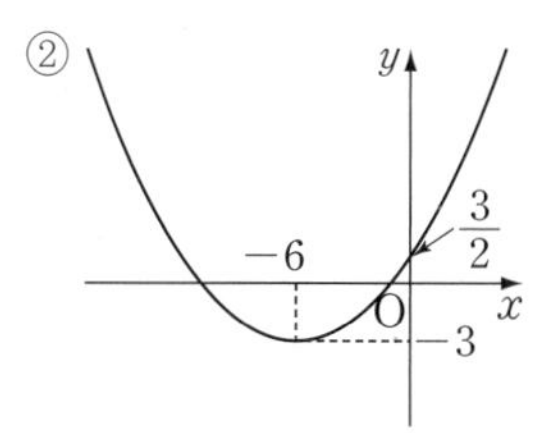

③
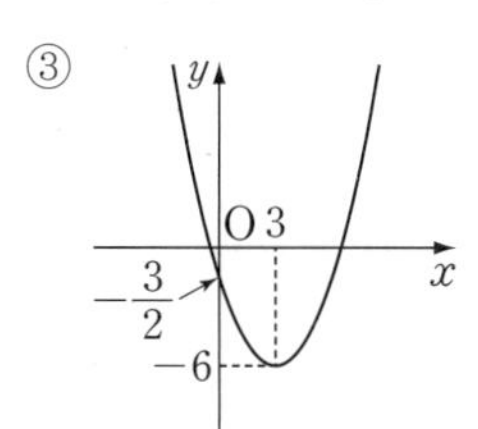

④
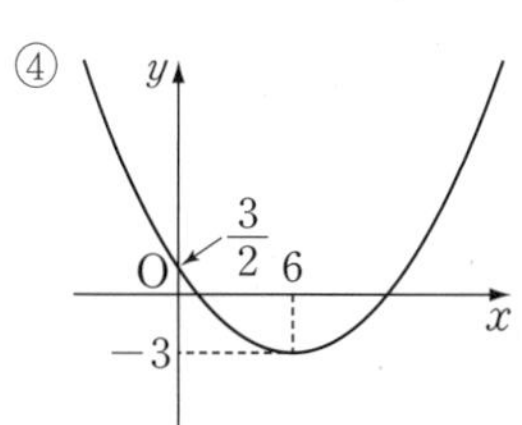

⑤
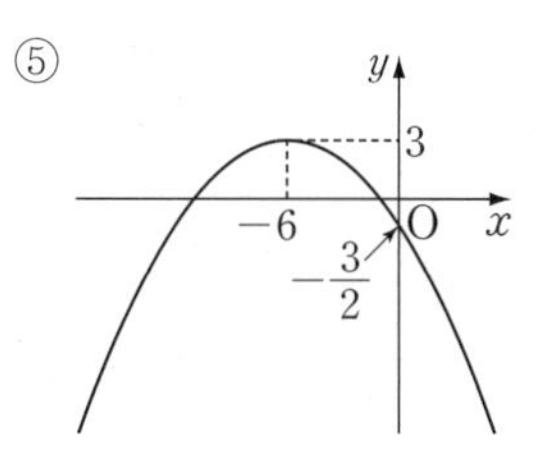

ACT 32

이차함수 $y=ax^2+bx+c$에서 a, b, c의 부호

스피드 정답 : 09쪽
친절한 풀이 : 29쪽

a의 부호 : 그래프의 모양으로 결정
- 아래로 볼록 ➡ $a>0$
- 위로 볼록 ➡ $a<0$

b의 부호 : 축의 위치로 결정
- 축이 y축의 왼쪽 ➡ $ab>0$ (a, b는 같은 부호)
- 축이 y축 ➡ $b=0$
- 축이 y축의 오른쪽 ➡ $ab<0$ (a, b는 다른 부호)

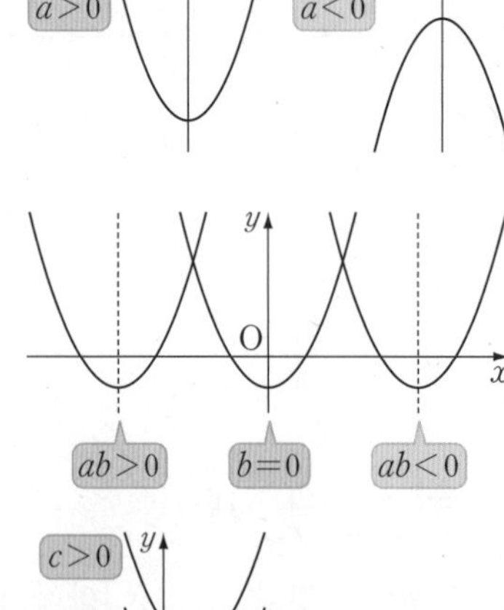

c의 부호 : y축과의 교점의 위치로 결정
- y축과의 교점이 x축보다 위쪽 ➡ $c>0$
- y축과의 교점이 원점 ➡ $c=0$
- y축과의 교점이 x축보다 아래쪽 ➡ $c<0$

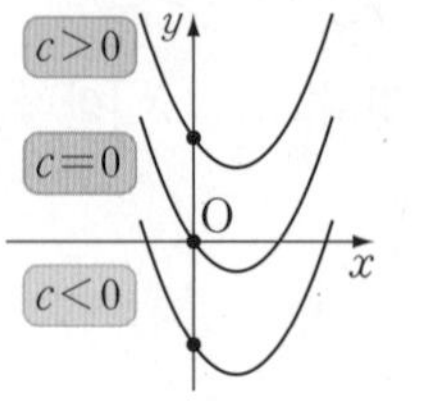

✱ 이차함수 $y=ax^2+bx+c$의 그래프가 다음과 같을 때, ○ 안에 $>$, $=$, $<$ 중 알맞은 것을 쓰시오. (단, a, b, c는 상수)

01

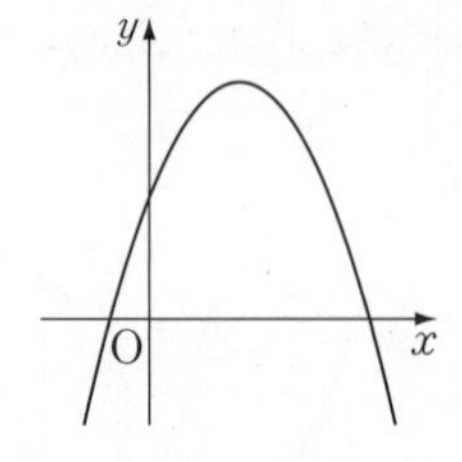

(1) 그래프가 위로 볼록 ➡ a ○ 0

(2) 축이 y축의 오른쪽

➡ ab ○ 0 $\therefore b$ ○ 0

(3) y축과의 교점이 x축보다 위쪽 ➡ c ○ 0

02

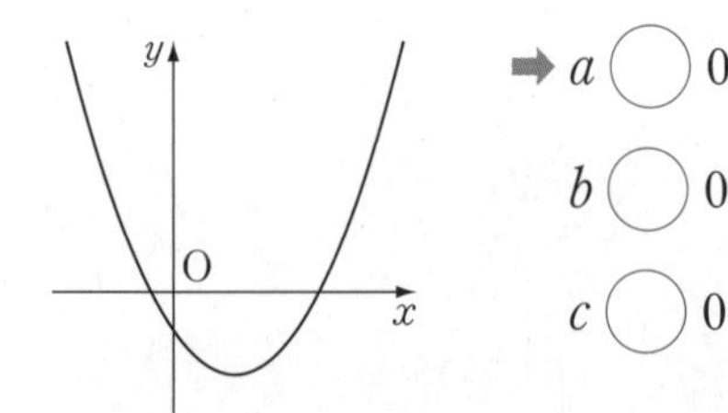

➡ a ○ 0

b ○ 0

c ○ 0

03

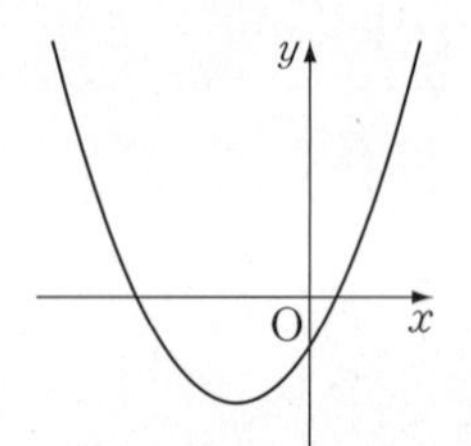

(1) 그래프가 아래로 볼록 ➡ a ○ 0

(2) 축이 y축의 왼쪽

➡ ab ○ 0 $\therefore b$ ○ 0

(3) y축과의 교점이 x축보다 아래쪽 ➡ c ○ 0

04

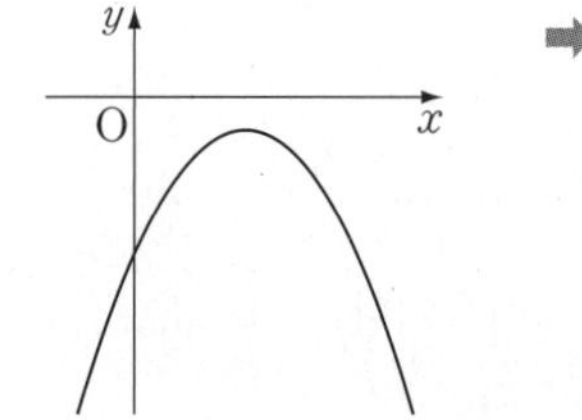

➡ a ○ 0

b ○ 0

c ○ 0

05

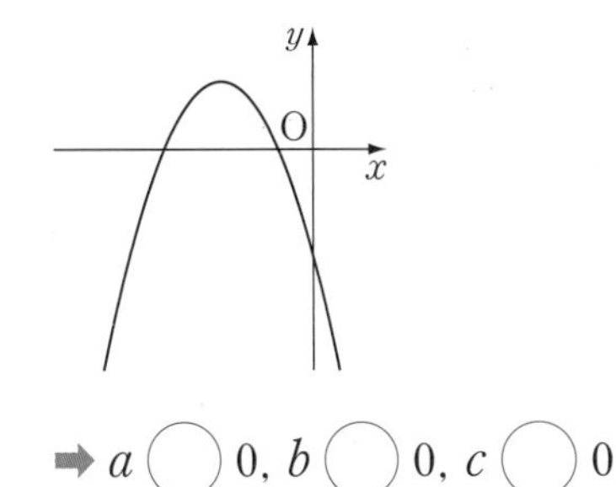

➡ a ◯ 0, b ◯ 0, c ◯ 0

06

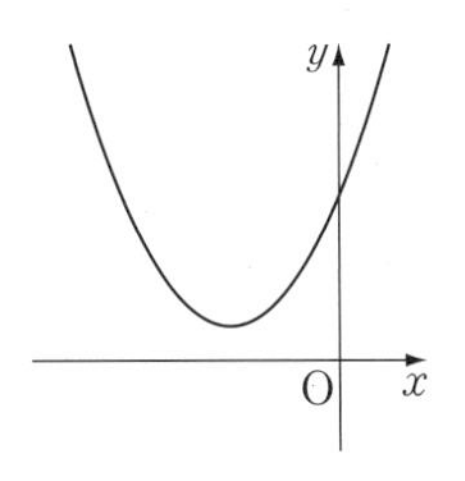

➡ a ◯ 0, b ◯ 0, c ◯ 0

07

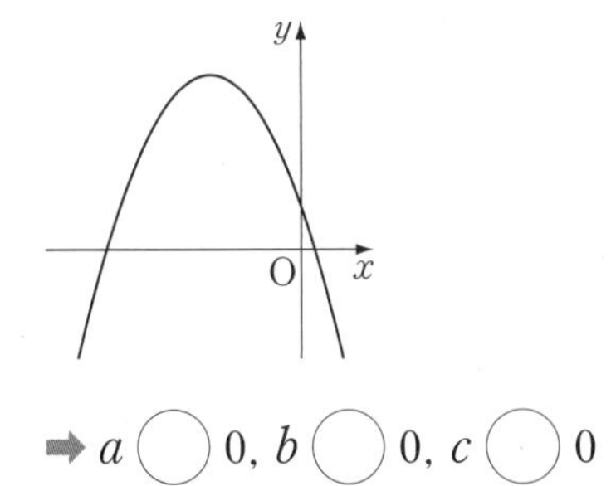

➡ a ◯ 0, b ◯ 0, c ◯ 0

08

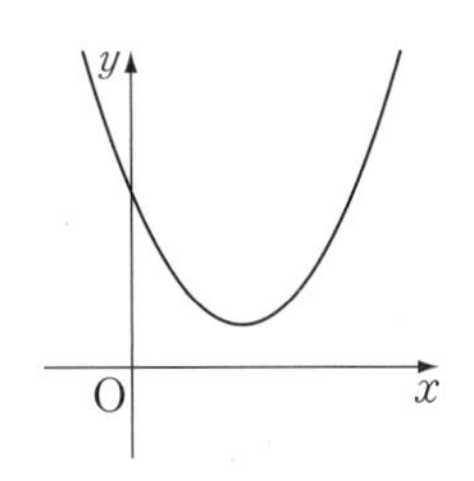

➡ a ◯ 0, b ◯ 0, c ◯ 0

＊ 이차함수 $y=ax^2+bx+c$의 그래프가 다음과 같을 때, □ 안에는 알맞은 것을, ◯ 안에는 $>$, $=$, $<$ 중 알맞은 것을 쓰시오. (단, a, b, c는 상수)

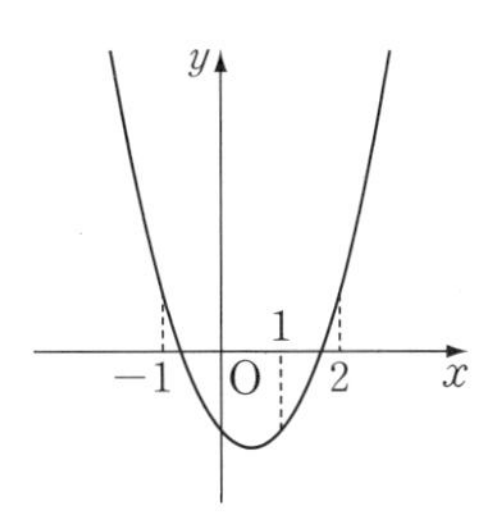

09 $x=1$일 때, $y=$□$+$□$+$□

그래프에서 $x=1$일 때의 함숫값이 음수이므로

$y=a+b+c$ ◯ 0

10 $x=-1$일 때, $y=$□$-$□$+$□

그래프에서 $x=-1$일 때의 함숫값이 □ 이므로

$y=a-b+c$ ◯ 0

11 $x=2$일 때, $y=$□$+$□$+$□

그래프에서 $x=2$일 때의 함숫값이 □ 이므로

$y=4a+2b+c$ ◯ 0

시험에는 이렇게 나온대.

12 이차함수 $y=ax^2+bx+c$의 그래프가 오른쪽 그림과 같을 때, 다음 중 옳은 것은? (단, a, b, c는 상수)

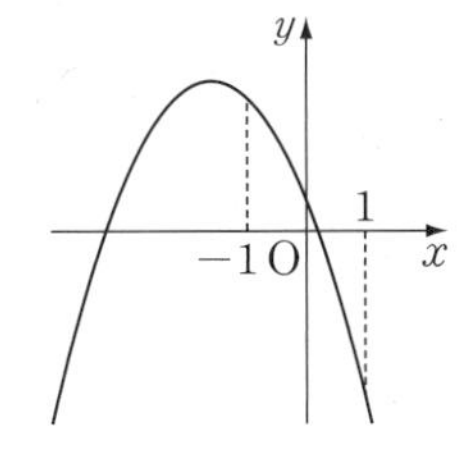

① $ab<0$

② $ac>0$

③ $bc>0$

④ $a+b+c>0$

⑤ $a-b+c>0$

필수 유형 훈련

스피드 정답 : 09쪽
친절한 풀이 : 29쪽

유형 1 이차함수 $y=ax^2+bx+c$의 그래프의 증가 · 감소

이차함수의 식을 $y=a(x-p)^2+q$ 꼴로 변형하면 축 $x=p$를 기준으로 x의 값이 증가할 때 y의 값이 증가하거나 감소하는 x의 값의 범위가 나뉜다.

$a>0$일 때

- $x<p$이면 x의 값이 증가할 때 y의 값은 감소
- $x>p$이면 x의 값이 증가할 때 y의 값도 증가

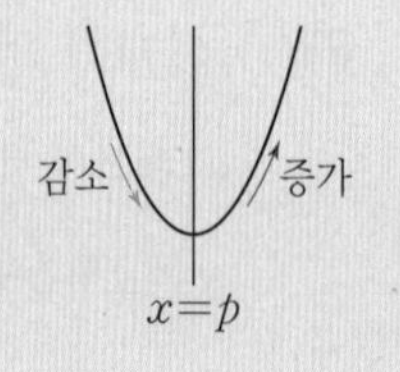

$a<0$일 때

- $x<p$이면 x의 값이 증가할 때 y의 값도 증가
- $x>p$이면 x의 값이 증가할 때 y의 값은 감소

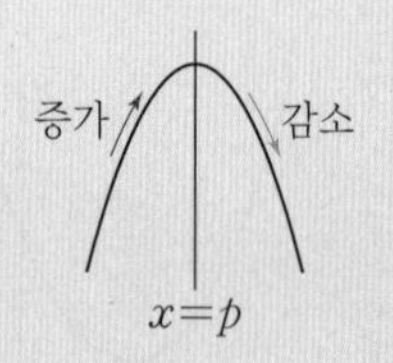

Skill

이차함수의 그래프는 올라가다가 내려가거나, 내려가다가 올라가거나!
모두 축을 기준으로 바뀌는 거야.

01 이차함수 $y=2(x-3)^2+6$의 그래프에서 x의 값이 증가할 때 y의 값은 감소하는 x의 값의 범위는?

① $x>-6$ ② $x>-3$ ③ $x>3$
④ $x<3$ ⑤ $x<6$

02 이차함수 $y=-\frac{1}{3}(x+1)^2-7$의 그래프에서 x의 값이 증가할 때 y의 값도 증가하는 x의 값의 범위를 구하시오.

03 이차함수 $y=\frac{2}{3}x^2$의 그래프를 x축의 방향으로 5만큼, y축의 방향으로 2만큼 평행이동한 그래프에서 x의 값이 증가할 때 y의 값도 증가하는 x의 값의 범위를 구하시오.

04 이차함수 $y=2x^2+8x-3$의 그래프에서 x의 값이 증가할 때 y의 값도 증가하는 x의 값의 범위는?

① $x>-4$ ② $x>-3$ ③ $x>-2$
④ $x<2$ ⑤ $x<4$

05 이차함수 $y=-\frac{1}{5}x^2-2x+2$의 그래프에서 x의 값이 증가할 때 y의 값은 감소하는 x의 값의 범위를 구하시오.

06 이차함수 $y=-x^2+3kx-8$의 그래프가 점 $(1, 3)$을 지난다. 이 그래프에서 x의 값이 증가할 때 y의 값도 증가하는 x의 값의 범위를 구하시오. (단, k는 상수)

유형 2 이차함수 $y=ax^2+bx+c$의 그래프의 평행이동

이차함수 $y=ax^2+bx+c$의 그래프를 x축의 방향으로 m만큼, y축의 방향으로 n만큼 평행이동한 그래프의 식은

❶ $y=a(x-p)^2+q$ 꼴로 변형한다.

❷ x 대신 $x-m$, y 대신 $y-n$을 대입한 후 정리한다.

➡ $y=a(x-p-m)^2+q+n$

- 꼭짓점의 좌표 : $(p+m, q+n)$
- 축의 방정식 : $x=p+m$

Skill 식을 변형하면 6단원에서 배운 ACT+ 29의 유형 2와 같아진다! 기억을 더듬어 보자.

07 이차함수 $y=x^2-2x+7$의 그래프를 x축의 방향으로 3만큼, y축의 방향으로 -1만큼 평행이동한 그래프의 축의 방정식을 구하시오.

08 이차함수 $y=-3x^2-6x-10$의 그래프를 x축의 방향으로 a만큼, y축의 방향으로 b만큼 평행이동하면 이차함수 $y=-3x^2-12x-1$의 그래프와 일치한다. 이때 $a+b$의 값은?

① 6 ② 9 ③ 17 ④ 19 ⑤ 22

09 이차함수 $y=\frac{1}{2}x^2-4x+9$의 그래프를 x축의 방향으로 -4만큼, y축의 방향으로 1만큼 평행이동하면 점 $(2, k)$를 지난다. 이때 k의 값을 구하시오.

유형 3 이차함수 $y=ax^2+bx+c$의 그래프의 성질

- $y=a(x-p)^2+q$ 꼴로 변형하면 꼭짓점의 좌표와 축의 방정식을 찾을 수 있다.
- 이차함수 $y=ax^2+bx+c$에서 a의 부호는 그래프의 모양, b의 부호는 축의 위치, c의 부호는 y축과의 교점의 위치를 결정한다.
- x축과의 교점의 x좌표는 y 대신 0을 대입하여 이차방정식 $ax^2+bx+c=0$의 해를 구하는 것과 같다.
- 그래프를 그리면 지나는 사분면과 증가·감소하는 x의 값의 범위를 구할 수 있다.

10 다음 중 이차함수 $y=-2x^2+12x-5$의 그래프에 대한 설명으로 옳은 것은?

① 꼭짓점의 좌표는 $(3, -1)$이다.
② 위로 볼록한 포물선이다.
③ x축과 만나지 않는다.
④ $x<3$일 때, x의 값이 증가하면 y의 값은 감소한다.
⑤ 모든 사분면을 지난다.

11 이차함수 $y=\frac{1}{3}x^2+2x-\frac{16}{3}$의 그래프에 대한 설명으로 옳은 것을 |보기|에서 모두 고르시오.

|보기|

㉠ 축의 방정식은 $x=-3$이다.
㉡ 제4사분면을 지나지 않는다.
㉢ y축과의 교점의 좌표는 $\left(0, -\frac{25}{3}\right)$이다.
㉣ x축과의 교점의 좌표는 $(2, 0)$, $(-8, 0)$이다.

ACT 34

이차함수의 식 구하기 1

꼭짓점의 좌표 (p, q)와 그래프가 지나는 다른 한 점의 좌표를 알 때

❶ 이차함수의 식을 $y=a(x-p)^2+q$로 놓는다.

❷ ❶의 식에 다른 한 점의 좌표를 대입하여 a의 값을 구한다.

01 꼭짓점의 좌표가 $(1,\ 5)$이고 점 $(2,\ 3)$을 지나는 포물선을 그래프로 하는 이차함수의 식을 $y=a(x-p)^2+q$ 꼴로 나타내려고 한다. □ 안에 알맞은 수를 쓰시오.

❶ 꼭짓점의 좌표를 이용하여 식 세우기

$y=a(x-\square)^2+\square$

❷ 지나는 점의 좌표를 대입하여 a의 값 구하기

$x=2,\ y=3$을 대입하면

$\square=a(2-\square)^2+\square$

$\therefore\ a=\square$

❸ 이차함수의 식 구하기

$y=\square(x-\square)^2+\square$

＊ 다음을 만족시키는 포물선을 그래프로 하는 이차함수의 식을 $y=a(x-p)^2+q$ 꼴로 나타내시오.

02 꼭짓점의 좌표가 $(1,\ 2)$이고 점 $(0,\ 4)$를 지나는 포물선

03 꼭짓점의 좌표가 $(-2,\ 6)$이고 점 $(-1,\ 3)$을 지나는 포물선

＊ 다음 그림과 같은 포물선을 그래프로 하는 이차함수의 식을 $y=a(x-p)^2+q$ 꼴로 나타내시오.

04

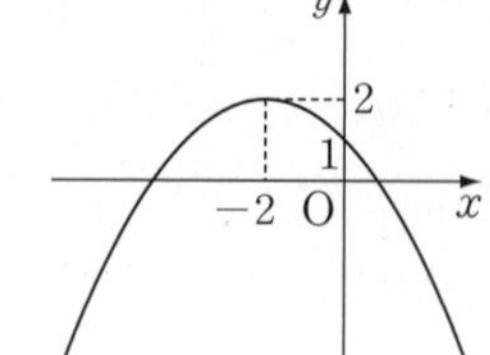

05

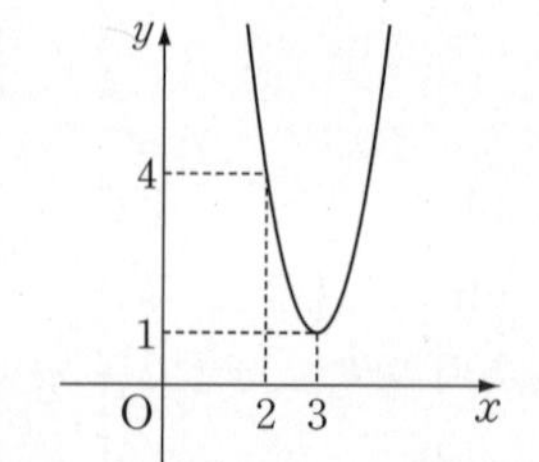

06

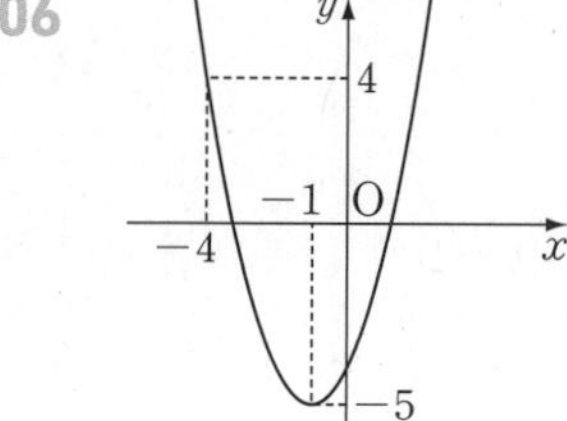

이차함수의 식 구하기 2

스피드 정답 : 09쪽
친절한 풀이 : 30쪽

축의 방정식 $x=p$와 그래프가 지나는 두 점의 좌표를 알 때

❶ 이차함수의 식을 $y=a(x-p)^2+q$로 놓는다.

❷ ❶의 식에 두 점의 좌표를 각각 대입하여 a, q의 값을 구한다.

07 축의 방정식이 $x=1$이고 두 점 $(2, 5)$, $(3, 11)$을 지나는 포물선을 그래프로 하는 이차함수의 식을 $y=a(x-p)^2+q$ 꼴로 나타내려고 한다. □ 안에 알맞은 수를 쓰시오.

❶ 축의 방정식을 이용하여 식 세우기

$y=a(x-\square)^2+q$

❷ 지나는 두 점의 좌표 대입하기

$x=2$, $y=5$를 대입하면

$\square=a+q$ …… ㉠

$x=3$, $y=11$을 대입하면

$\square=\square a+q$ …… ㉡

❸ ❷의 두 식을 이용하여 a, q의 값 구하기

㉠, ㉡을 연립하여 풀면 $a=\square$, $q=\square$

❹ 이차함수의 식 구하기

$y=\square(x-\square)^2+\square$

＊ 다음을 만족시키는 포물선을 그래프로 하는 이차함수의 식을 $y=a(x-p)^2+q$ 꼴로 나타내시오.

08 축의 방정식이 $x=-2$이고, 두 점 $(0, 5)$, $(-1, -4)$를 지나는 포물선

09 축의 방정식이 $x=-4$이고, 두 점 $(-2, -1)$, $(1, -22)$를 지나는 포물선

＊ 다음 그림과 같은 포물선을 그래프로 하는 이차함수의 식을 $y=a(x-p)^2+q$ 꼴로 나타내시오.

10

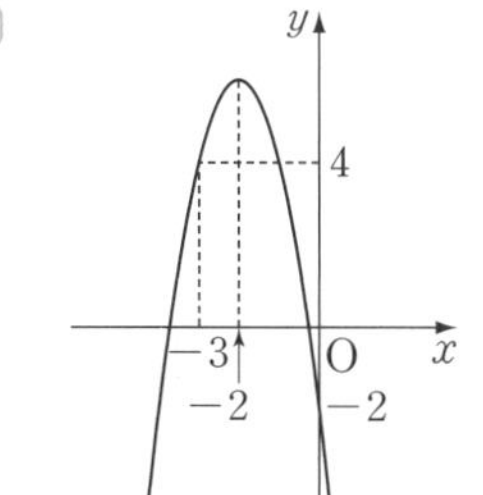

11

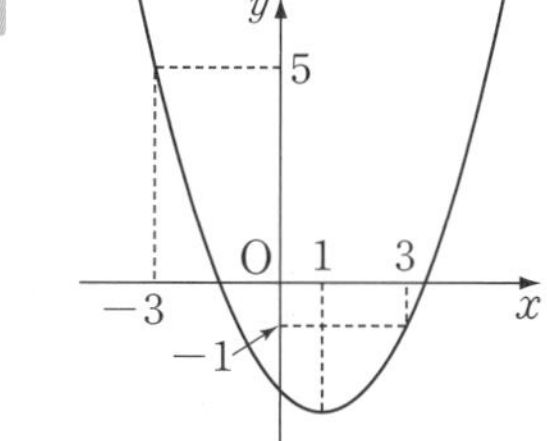

12

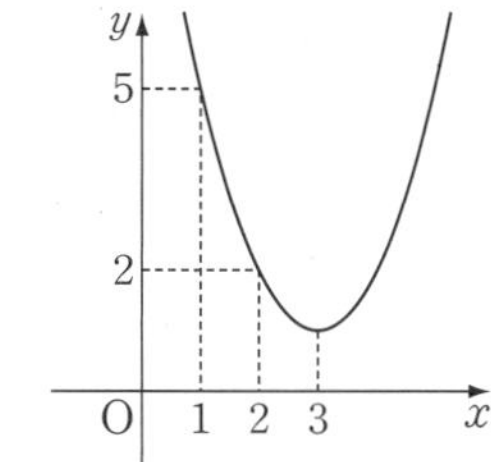

ACT 35

이차함수의 식 구하기 3

그래프가 지나는 서로 다른 세 점의 좌표를 알 때

❶ 이차함수의 식을 $y=ax^2+bx+c$로 놓는다.

❷ ❶의 식에 세 점의 좌표를 각각 대입하여 a, b, c의 값을 구한다.

01 세 점 $(1, -1)$, $(0, 2)$, $(2, 4)$를 지나는 포물선을 그래프로 하는 이차함수의 식을 $y=ax^2+bx+c$ 꼴로 나타내려고 한다. □ 안에 알맞은 수를 쓰시오.

❶ y절편을 이용하여 식 세우기

$y=ax^2+bx+\square$

❷ 지나는 두 점의 좌표 대입하기

$x=1$, $y=-1$을 대입하여 정리하면

$a+b=\square$ …… ㉠

$x=2$, $y=4$를 대입하여 정리하면

$2a+b=\square$ …… ㉡

❸ ❷의 두 식을 이용하여 a, b의 값 구하기

㉠, ㉡을 연립하여 풀면 $a=\square$, $b=\square$

❹ 이차함수의 식 구하기

$y=\square x^2-\square x+\square$

*** 다음을 만족시키는 포물선을 그래프로 하는 이차함수의 식을 $y=ax^2+bx+c$ 꼴로 나타내시오.**

02 세 점 $(-1, 8)$, $(0, 3)$, $(1, 0)$을 지나는 포물선

03 세 점 $(-1, -2)$, $(0, -4)$, $(2, 10)$을 지나는 포물선

*** 다음 그림과 같은 포물선을 그래프로 하는 이차함수의 식을 $y=ax^2+bx+c$ 꼴로 나타내시오.**

04

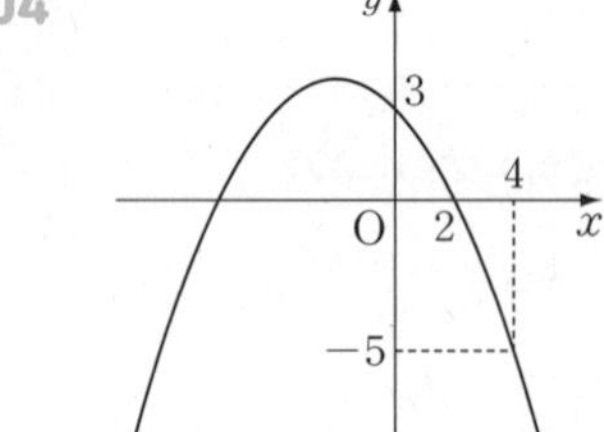

05

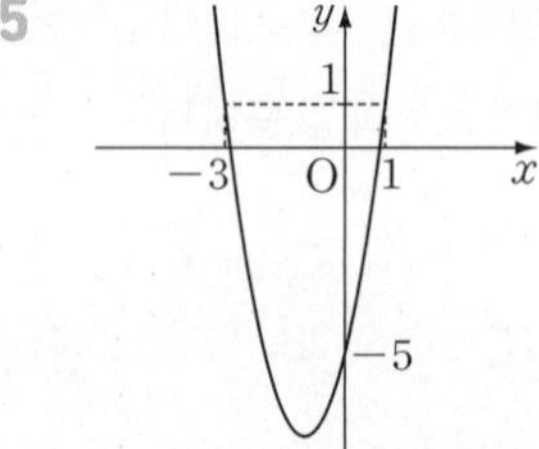

06

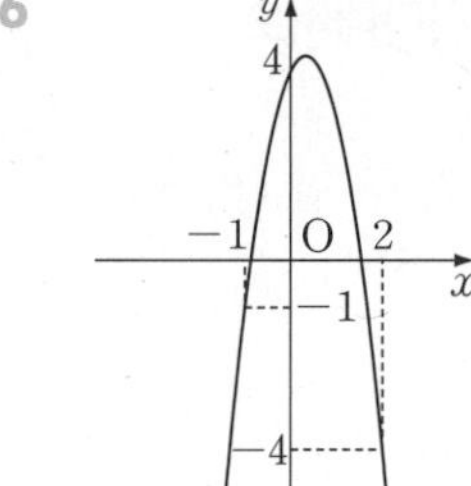

이차함수의 식 구하기 4

스피드 정답 : 09쪽
친절한 풀이 : 31쪽

x축과의 교점의 좌표 $(m, 0)$, $(n, 0)$과 그래프가 지나는 다른 한 점의 좌표를 알 때

❶ 이차함수의 식을 $y=a(x-m)(x-n)$으로 놓는다.

❷ ❶의 식에 다른 한 점의 좌표를 대입하여 a의 값을 구한다.

07 x축과 두 점 $(-1, 0)$, $(3, 0)$에서 만나고, 점 $(1, 4)$를 지나는 포물선을 그래프로 하는 이차함수의 식을 $y=ax^2+bx+c$ 꼴로 나타내려고 한다. □ 안에 알맞은 수를 쓰시오.

❶ $y=a(x-m)(x-n)$ 꼴로 식 세우기

$y=a(x+1)(x-\square)$

❷ 지나는 점의 좌표를 대입하여 a의 값 구하기

$x=1$, $y=4$를 대입하면

$\square=\square a \quad \therefore a=\square$

❸ 이차함수의 식 구하기

$y=-(x+1)(x-\square)$

$=-x^2+\square x+\square$

* 다음을 만족시키는 포물선을 그래프로 하는 이차함수의 식을 $y=ax^2+bx+c$ 꼴로 나타내시오.

08 x축과 두 점 $(-2, 0)$, $(1, 0)$에서 만나고, 점 $(2, 8)$을 지나는 포물선

09 x축과 두 점, $(1, 0)$, $(4, 0)$에서 만나고, 점 $(3, 2)$를 지나는 포물선

* 다음 그림과 같은 포물선을 그래프로 하는 이차함수의 식을 $y=ax^2+bx+c$ 꼴로 나타내시오.

10

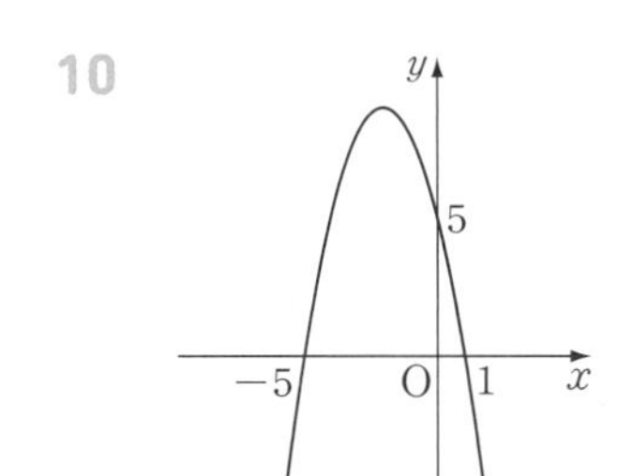

11

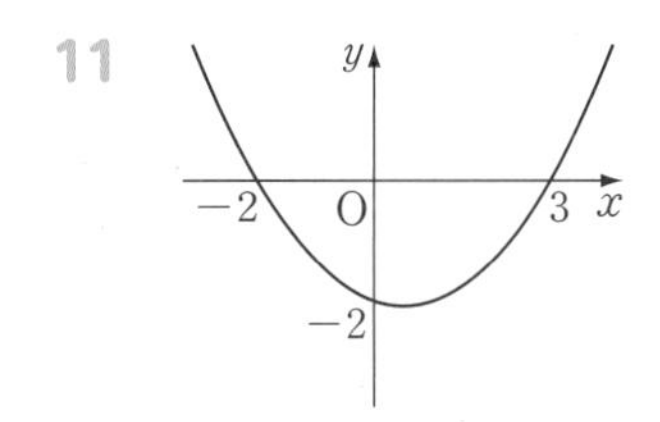

12

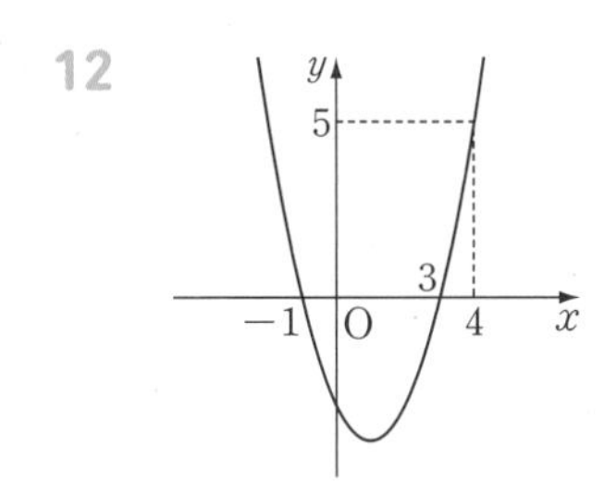

ACT+ 36

필수 유형 훈련

스피드 정답 : 09쪽
친절한 풀이 : 32쪽

유형 1 이차함수의 활용

❶ 함수 구하기
➡ 문제의 뜻을 파악하여 변수 x와 y 사이의 관계를 이차함수의 식으로 나타낸다.
❷ 답 구하기
➡ 이차함수의 식을 이용하여 주어진 조건에 맞는 값을 찾는다.
❸ 확인하기
➡ 구한 값이 문제의 뜻에 맞는지 확인한다.

함수 구하기 → 답 구하기 → 확인하기

01 지면으로부터 35 m의 높이에서 초속 30 m로 똑바로 위로 쏘아 올린 공의 x초 후의 지면으로부터의 높이를 y m라고 하면 $y=-5x^2+30x+35$인 관계가 성립한다고 한다. 이때 다음 물음에 답하시오.

(1) 주어진 이차함수의 식을 $y=a(x-p)^2+q$ 꼴로 나타내시오.

(2) 이차함수의 그래프의 꼭짓점의 좌표를 구하시오.

(3) 이 공이 지면에 떨어지는 것은 쏘아 올린 지 몇 초 후인지 구하시오.

(4) 이 공이 지면으로부터 높이 60 m가 되는 것은 쏘아 올린 지 몇 초 후인지 구하시오.

02 한 변의 길이가 20 cm인 정사각형의 가로의 길이는 x cm만큼 줄이고, 세로의 길이는 $2x$ cm만큼 늘여서 만든 직사각형의 넓이를 y cm^2라고 할 때, 다음 물음에 답하시오.

(1) 새로 만든 직사각형의 가로의 길이와 세로의 길이를 각각 x에 대한 식으로 나타내시오.

(2) x와 y 사이의 관계식을 $y=ax^2+bx+c$ 꼴로 나타내시오.

(3) 새로 만든 직사각형의 넓이가 450 cm^2일 때, 가로의 길이를 구하시오.

03 가로의 길이가 x이고 둘레의 길이가 40인 직사각형의 넓이를 y라고 할 때, 다음 물음에 답하시오.

(1) x와 y 사이의 관계식을 $y=ax^2+bx+c$ 꼴로 나타내시오.

(2) 이 직사각형의 넓이가 100일 때, 세로의 길이를 구하시오.

유형 2 이차함수의 그래프와 삼각형의 넓이

이차함수 $y=ax^2+bx+c$의 그래프 위의 점의 좌표를 이용하여 도형의 넓이를 구할 수 있다.

• $\triangle$ABC의 넓이 구하기

❶ 점 A의 좌표를 구한다.

➡ $A(0, c)$

❷ 두 점 B, C의 좌표를 구한다.

➡ 이차방정식 $ax^2+bx+c=0$의 해를 구한다.

❸ $\triangle$ABC의 넓이를 구한다.

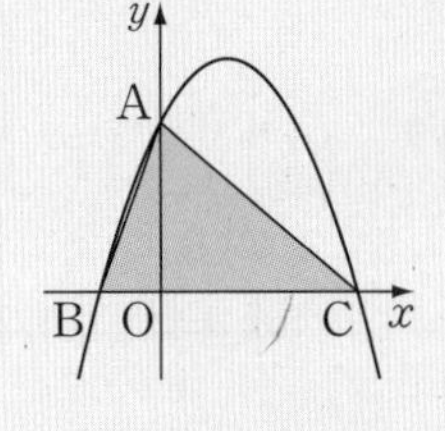

• $\triangle$A′BC의 넓이 구하기

❶ 꼭짓점 A′의 좌표를 구한다.

➡ $y=a(x-p)^2+q$ 꼴로 변형

∴ $A'(p, q)$

❷ 두 점 B, C의 좌표를 구한다.

➡ 이차방정식 $ax^2+bx+c=0$의 해를 구한다.

❸ $\triangle$A′BC의 넓이를 구한다.

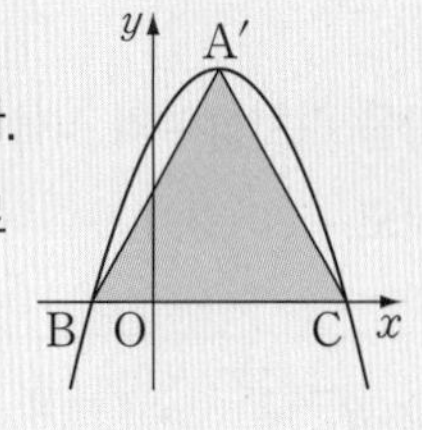

04 아래 그림과 같이 이차함수 $y=-x^2+3x+4$의 그래프가 y축과 만나는 점을 A, x축과 만나는 두 점을 각각 B, C라고 할 때, 다음 물음에 답하시오.

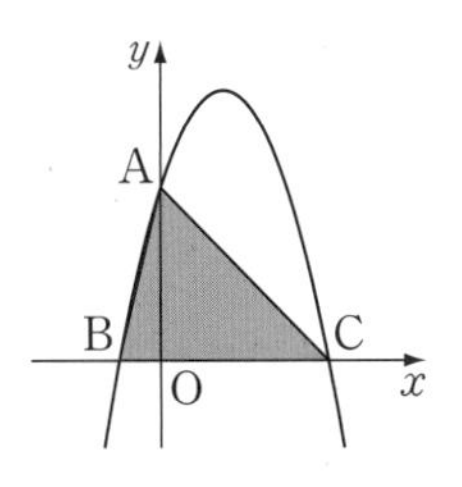

(1) 점 A의 좌표를 구하시오.

(2) 두 점 B, C의 좌표를 각각 구하시오.

(3) $\overline{BC}$의 길이를 구하시오.

(4) $\triangle$ABC의 넓이를 구하시오.

05 오른쪽 그림과 같이 이차함수 $y=-x^2-4x+5$의 그래프의 꼭짓점을 A, x축과 만나는 두 점을 각각 B, C라고 할 때, $\triangle$ABC의 넓이를 구하시오.

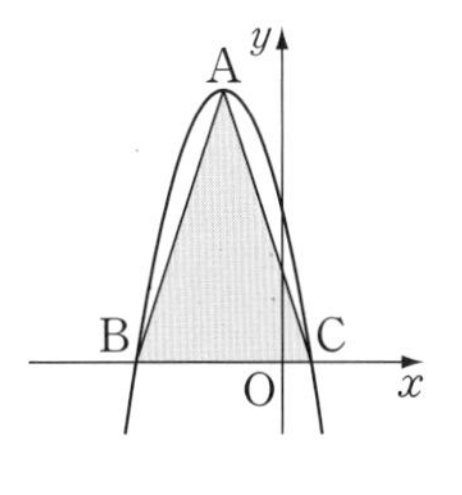

06 오른쪽 그림과 같이 이차함수 $y=x^2+6x-16$의 그래프가 x축과 만나는 두 점을 각각 A, B, y축과 만나는 점을 C라고 할 때, $\triangle$ABC의 넓이를 구하시오.

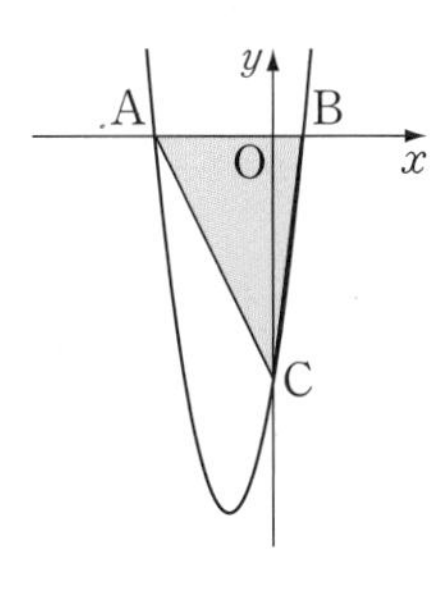

07 오른쪽 그림과 같이 이차함수 $y=-x^2+4x+6$의 그래프의 꼭짓점을 A, y축과 만나는 점을 B라고 할 때, $\triangle$OAB의 넓이를 구하시오. (단, O는 원점)

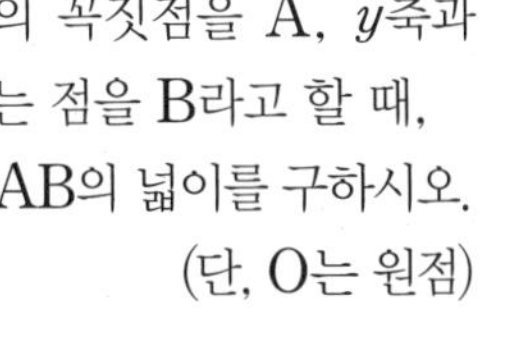

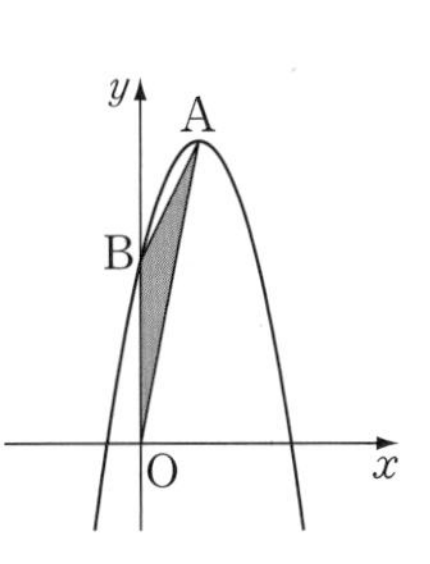

TEST 07

단원 평가

*** 다음 이차함수의 식을 $y=a(x-p)^2+q$ 꼴로 나타내시오. (01 ~ 02)**

01 $y=x^2-2x-9$

02 $y=-2x^2+8x-3$

*** 다음 이차함수의 그래프의 축의 방정식, 꼭짓점의 좌표, y절편을 각각 구하시오. (03 ~ 04)**

03 $y=x^2+4x+7$

04 $y=-3x^2+18x+2$

*** 다음 이차함수의 그래프가 x축과 만나는 점의 좌표를 모두 구하시오. (05 ~ 06)**

05 $y=2x^2-2x-12$

06 $y=-3x^2-11x+4$

07 이차함수 $y=\frac{1}{2}x^2+2x-5$의 그래프의 꼭짓점의 좌표, y축과의 교점의 좌표를 각각 구하고, 그 그래프를 그리시오.

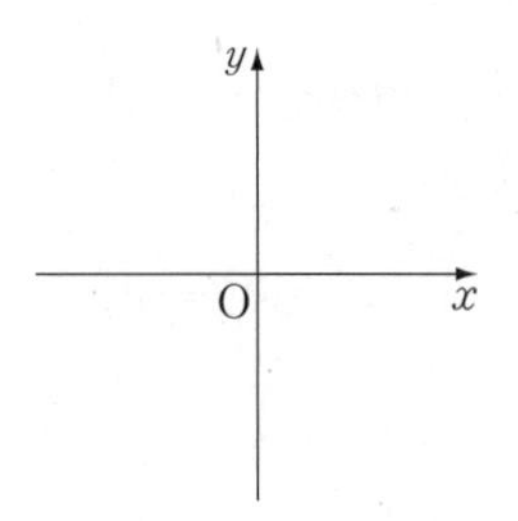

*** 이차함수 $y=ax^2+bx+c$의 그래프가 다음과 같을 때, 상수 a, b, c의 부호를 각각 구하시오. (08 ~ 09)**

08

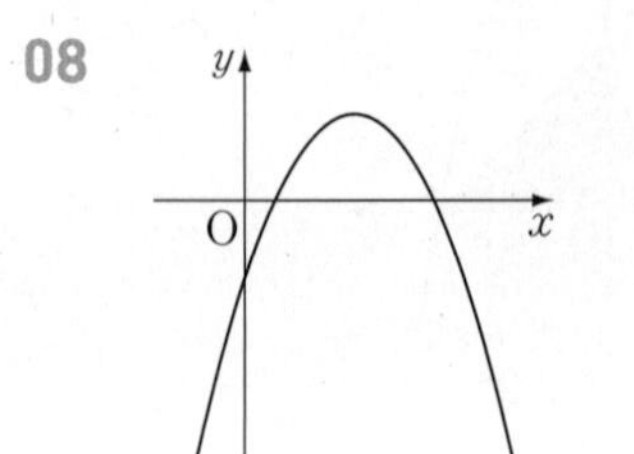

09

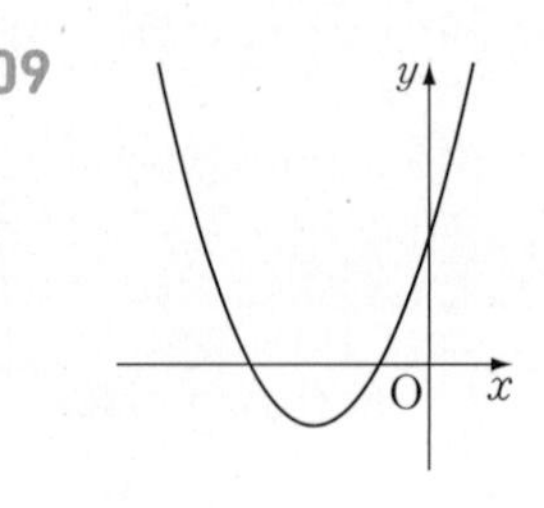

10 이차함수 $y=-2x^2+4x-9$의 그래프에서 x의 값이 증가할 때 y의 값도 증가하는 x의 값의 범위는?

① $x>-2$ ② $x>-1$ ③ $x>1$
④ $x<1$ ⑤ $x<2$

11 이차함수 $y=4x^2+8x-3$의 그래프를 x축의 방향으로 a만큼, y축의 방향으로 b만큼 평행이동하면 이차함수 $y=4x^2-8x+5$의 그래프와 일치한다. 이때 $a+b$의 값을 구하시오.

스피드 정답 : 09쪽
친절한 풀이 : 33쪽

12 다음 중 이차함수 $y=\frac{1}{4}x^2-2x+3$의 그래프에 대한 설명으로 옳지 않은 것은?

① 축의 방정식은 $x=4$이다.
② 점 $(2, 2)$를 지난다.
③ y축과 만나는 점의 좌표는 $(0, 3)$이다.
④ $x>4$일 때, x의 값이 증가하면 y의 값도 증가한다.
⑤ 제3사분면을 지나지 않는다.

*** 다음을 만족시키는 포물선을 그래프로 하는 이차함수의 식을 $y=a(x-p)^2+q$ 꼴로 나타내시오. (13~14)**

13 꼭짓점의 좌표가 $(2, -3)$이고 점 $(0, 5)$을 지나는 포물선

14 축의 방정식이 $x=-3$이고, 두 점 $(1, -12)$, $(-2, 3)$을 지나는 포물선

*** 다음을 만족시키는 포물선을 그래프로 하는 이차함수의 식을 $y=ax^2+bx+c$ 꼴로 나타내시오. (15~16)**

15 세 점 $(-1, 10)$, $(0, 6)$, $(2, 4)$를 지나는 포물선

16 x축과 두 점 $(-1, 0)$, $(-4, 0)$에서 만나고, 점 $(-2, 2)$를 지나는 포물선

17 다음 그림과 같은 포물선을 그래프로 하는 이차함수의 식을 $y=a(x-p)^2+q$ 꼴로 나타내시오.

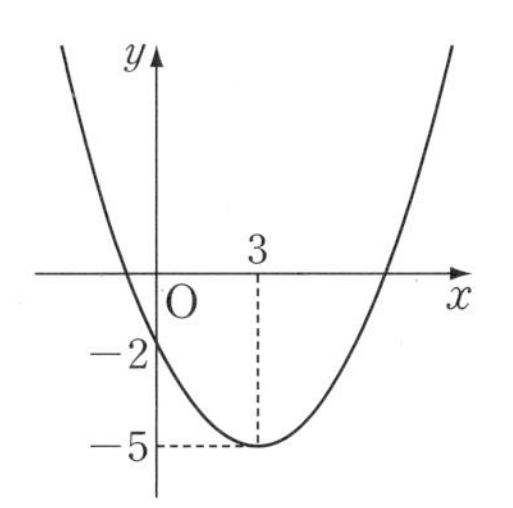

18 다음 그림과 같은 포물선을 그래프로 하는 이차함수의 식을 $y=ax^2+bx+c$ 꼴로 나타내시오.

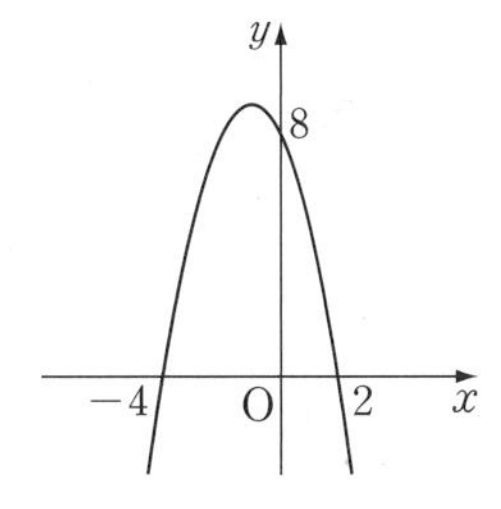

19 세로의 길이가 x이고 둘레의 길이가 60인 직사각형의 넓이를 y라고 하자. 이 직사각형의 넓이가 225일 때, 세로의 길이를 구하시오.

20 오른쪽 그림과 같이 이차함수 $y=x^2-2x-3$의 그래프가 x축과 만나는 두 점을 각각 A, B, 꼭짓점을 C라고 할 때, △ABC의 넓이를 구하시오.

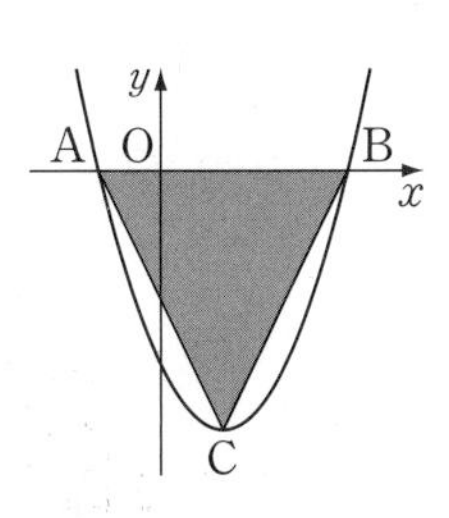

쉬어 가기

스도쿠 게임

＊ 게임 규칙

❶ 모든 가로줄, 세로줄에 각 1에서 9까지의 숫자를 겹치지 않게 배열한다.

❷ 가로, 세로 3칸씩 이루어진 9칸의 격자 안에도 1에서 9까지의 숫자를 겹치지 않게 배열한다.

	8	4			1	2	3	9
9		7	3	2		6		
1		2		4	9			5
								2
			1	7		8		6
	1			8			7	
	9	5	8		7	3	6	4
8	4	6	9	3				7
		1	4	6			5	8

답

6	8	4	7	5	1	2	3	9
9	5	7	3	2	8	6	4	1
1	3	2	6	4	9	7	8	5
7	6	8	5	9	3	4	1	2
5	2	3	1	7	4	8	9	6
4	1	9	2	8	6	5	7	3
2	9	5	8	1	7	3	6	4
8	4	6	9	3	5	1	2	7
3	7	1	4	6	2	9	5	8

연산을 잡아야 수학이 쉬워진다!

기적의 중학연산

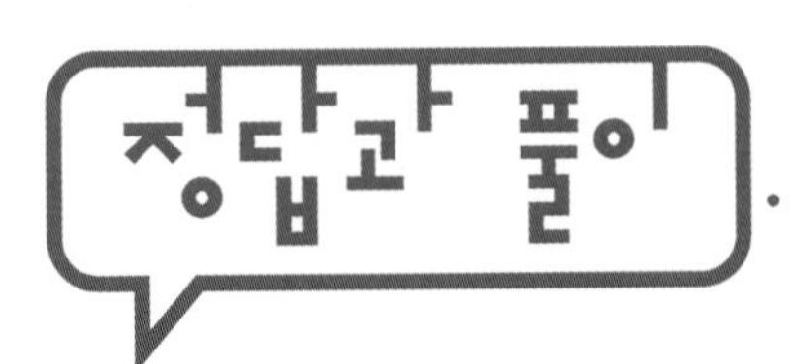

| 스피드 정답 | 01~09쪽

각 문제의 정답만을 모아서 빠르게 정답을 확인할 수 있습니다.

| 친절한 풀이 | 10~36쪽

틀리기 쉽거나 헷갈리는 문제들의 풀이 과정을 친절하고 자세하게 실었습니다.

Chapter V 이차방정식

ACT 01
014~015쪽

01 ○
02 ×
03 ×
04 ×
05 ×
06 ○
07 $x=4$
08 $x=7$
09 $x=2$
10 $x=3$
11 $x=-4$
12 $x=-2$
13 ×
14 ×
15 ○
16 ○ / 13, 25
17 ×
18 0
19 $a-1$, 1
20 $a\neq\frac{1}{3}$
21 ⑤

ACT 02
016~017쪽

01 × / ≠, 해가 아니다
02 ×
03 ○
04 ○
05 ×
06 ○
07 ×
08 4, 1, 0, 1
09 $x=1$
10 $x=-1$
11 $x=-1$ 또는 $x=1$
12 $x=-1$
13 4, -8
14 6
15 2
16 -1
17 ②

ACT 03
018~019쪽

01 ○
02 ○
03 ×
04 ○
05 0, 0 / 0, 1
06 $x=-2$ 또는 $x=3$
07 $x=-5$ 또는 $x=5$
08 $x=-\frac{1}{4}$ 또는 $x=\frac{1}{3}$
09 -4, 4
10 $x=-6$ 또는 $x=-1$
11 $x=4$ 또는 $x=-3$
12 $x=0$ 또는 $x=-10$
13 $x=-5$ 또는 $x=1$
14 $x=5$ 또는 $x=-2$
15 $x=\frac{3}{2}$ 또는 $x=-5$
16 $x=-\frac{1}{3}$ 또는 $x=2$
17 $x=\frac{3}{2}$ 또는 $x=\frac{2}{3}$
18 $x=-1$ 또는 $x=\frac{7}{5}$
19 $x=-\frac{1}{3}$ 또는 $x=\frac{2}{3}$
20 ②

ACT 04
020~021쪽

01 $x=2$
02 $x=-\frac{1}{3}$
03 -1
04 $x=6$
05 $x=-9$
06 $\frac{1}{8}$
07 $x=\frac{3}{2}$
08 $x=-\frac{2}{7}$
09 4, 4
10 64
11 2
12 -2
13 3
14 24
15 16, 4
16 14
17 10
18 4
19 ⑤

ACT 05
022~023쪽

01 $x=\pm\sqrt{5}$
02 $x=\pm\sqrt{7}$
03 $x=\pm 3$
04 $x=\pm\sqrt{10}$
05 $x=\pm 2\sqrt{3}$
06 $x=\pm 2\sqrt{5}$
07 2 / 4, 2
08 $x=\pm 5$
09 $x=\pm\sqrt{6}$
10 $x=\pm\sqrt{7}$
11 $x=\pm 2\sqrt{2}$
12 $x=\pm 2\sqrt{3}$
13 5 / 2, 5
14 $x=-4\pm\sqrt{3}$
15 $x=-7\pm 2\sqrt{5}$
16 2 / 3, -1
17 $x=-1$ 또는 $x=-9$
18 $x=13$ 또는 $x=-1$
19 3 / 2, 2 / -1, 2
20 $x=4\pm\sqrt{7}$
21 $x=-9\pm\sqrt{3}$
22 2 / 16, 4 / 7, -1
23 $x=-2$ 또는 $x=-8$
24 $x=9$ 또는 $x=5$

ACT 06
024~025쪽

01 4, 4 / 2, 6
02 2, 2 / 2, 2 / 2, 1, 2, 1 / 1, 3
03 $(x-3)^2=4$
04 $(x+4)^2=19$
05 $(x-2)^2=5$
06 $(x-5)^2=23$
07 $(x+1)^2=5$
08 1, 6 / 1, 6 / 1, 6 / 1, 6
09 $x=-4\pm\sqrt{13}$
10 $x=6\pm\sqrt{37}$
11 $x=3\pm\sqrt{13}$
12 $x=-5\pm\sqrt{22}$
13 4, 2 / 4, −2 / 4, 4, 2 / 2, 2 / 2, 2 / −2, 2
14 $x=3\pm2\sqrt{2}$
15 $x=-1\pm\sqrt{2}$
16 $x=4\pm2\sqrt{3}$
17 $x=1\pm\frac{2\sqrt{14}}{7}$

ACT+ 07
026~027쪽

01 ②
02 13
03 ⑤
04 (1) 5 (2) 13 (3) −3
05 ①
06 2
07 (1) 5 (2) $x=-6$
08 ①
09 $x=1$
10 (1) $x=-5$ 또는 $x=3$
(2) $x=-\frac{1}{2}$ 또는 $x=-5$
(3) $x=-5$
11 10
12 −5

ACT 08
030~031쪽

01 2, −1, −2
02 3, 7, 3
03 5, 11, −3
04 11, −12, −3
05 3, 7, −1
06 1, 1, −1 / −1, 1, 1, −1 / 1 / −1, 5 / 2
07 2, −3, −1 / −3, −3, 2, −1 / 2 / 3, 17 / 4
08 1, 5, 3 / $\frac{-5\pm\sqrt{13}}{2}$
09 $x=\frac{-1\pm\sqrt{13}}{2}$
10 $x=\frac{7\pm\sqrt{5}}{2}$
11 $x=\frac{5\pm\sqrt{33}}{2}$
12 $x=\frac{-5\pm\sqrt{17}}{4}$
13 $x=\frac{1\pm\sqrt{41}}{10}$
14 $x=\frac{-3\pm\sqrt{21}}{6}$
15 $x=\frac{7\pm\sqrt{33}}{8}$
16 $x=\frac{5\pm\sqrt{61}}{6}$
17 −4
18 −3
19 −5

ACT 09
032~033쪽

01 5, −3, −2
02 3, 1, −1
03 3, −2, −5
04 2, −4, 3
05 4, 1, −3
06 1, 3, −1 / −3, 3, 1, −1 / 1 / −3, 10
07 5, −1, −1 / −1, −1, 5, −1 / 5 / 1, 6 / 5
08 1, −1, −1 / $1\pm\sqrt{2}$
09 $x=2\pm\sqrt{2}$
10 $x=-4\pm\sqrt{11}$
11 $x=3\pm2\sqrt{3}$
12 $x=-1\pm\frac{\sqrt{10}}{2}$
13 $x=\frac{-1\pm\sqrt{10}}{3}$
14 $x=\frac{3\pm\sqrt{5}}{4}$
15 $x=\frac{-4\pm\sqrt{30}}{7}$
16 $x=\frac{2\pm\sqrt{22}}{6}$
17 −5
18 1
19 −3

ACT 10
034~035쪽

01 3, 3 / −3, 21
02 3, 9, 1 / $x=\frac{9\pm\sqrt{93}}{6}$
03 9, 2 / $x=\frac{-9\pm\sqrt{73}}{2}$
04 $x=-3\pm\sqrt{7}$
05 $x=-1\pm\sqrt{7}$
06 $x=\frac{7\pm\sqrt{37}}{2}$
07 $x=\frac{1\pm\sqrt{57}}{2}$
08 $x=\frac{1\pm\sqrt{5}}{2}$
09 6, 3, 2 / 3, 57
10 3, 3 / $x=\frac{-3\pm\sqrt{57}}{8}$
11 5, 5 / $x=\frac{5\pm\sqrt{5}}{10}$
12 4, 2 / $x=\frac{1\pm\sqrt{5}}{4}$
13 $x=1$ 또는 $x=-2$
14 $x=\frac{2\pm\sqrt{7}}{3}$
15 $x=\frac{2}{3}$ 또는 $x=-1$
16 $x=\frac{5}{2}$ 또는 $x=-3$
17 ⑤

ACT 11
036~037쪽

01 2, 1 / 1, 2
02 2, 8 / $x=-2\pm\frac{\sqrt{2}}{2}$
03 10, 3 / $x=\frac{2\pm\sqrt{34}}{10}$
04 $x=\frac{-1\pm\sqrt{41}}{2}$
05 $x=\frac{5\pm\sqrt{10}}{3}$
06 $x=3\pm\sqrt{21}$
07 $x=2\pm\frac{\sqrt{455}}{10}$
08 $x=\frac{-1\pm\sqrt{11}}{2}$
09 16, 64, 8 / -8 / -8, -5
10 $x+5$ / $x=-8$ 또는 $x=-\frac{13}{3}$
11 $2x-1$ / $x=\frac{3}{4}$ 또는 $x=\frac{2}{5}$
12 $x-\frac{1}{2}$ / $x=1$
13 $x=5$
14 $x=-1$ 또는 $x=4$
15 $x=-\frac{5}{3}$ 또는 $x=-1$
16 $x=-\frac{2}{3}$
17 ⑤

ACT 12
038~039쪽

01 0, 1개
02 -3, 0개
03 16, 2개
04 -23, 0개
05 104, 2개
06 -31, 0개
07 73, 2개
08 0, 1개
09 8, $>$ / $>$, $<$
10 $k>-1$
11 $k<\frac{9}{4}$
12 $k>-2$
13 $k<\frac{1}{12}$
14 -2, $=$ / $=$, $=$
15 $k=-25$
16 $k=16$
17 $k=1$
18 $k=48$
19 6, $<$ / $<$, $>$
20 $k>1$
21 $k<-16$
22 $k>\frac{9}{8}$
23 2개

ACT 13
040~041쪽

01 1, 3 / 4, 3
02 $x^2+x-2=0$
03 $x^2-x-6=0$
04 $x^2+6x+5=0$
05 2, 1, 5 / 2, 6, 5 / 2, 12, 10
06 $-x^2+x+12=0$
07 $3x^2+15x+18=0$
08 $4x^2-32x+48=0$
09 2, 1 / 2, 2, 1 / 2, 4, 2
10 $x^2-2x+1=0$
11 $x^2-6x+9=0$
12 $-x^2+8x-16=0$
13 $3x^2+12x+12=0$
14 -7, 10
15 -5, 3
16 -4, 1
17 2

ACT+ 14
042~043쪽

01 2
02 ②
03 (1) 6 (2) 3 (3) 9
04 (1) $1-\sqrt{2}$ (2) $2-\sqrt{3}$
05 합 : -2, 곱 : -6
06 ①
07 ④
08 -5
09 -10
10 ①
11 (1) -10 (2) -2 (3) 8
12 (1) -12 (2) -4
(3) $x=6$ 또는 $x=-2$

ACT+ 15
044~045쪽

01 (1) $\frac{n(n-3)}{2}=65$
(2) $n=13$ 또는 $n=-10$
(3) 십삼각형
02 (1) $(x+4)^2=49$
(2) $x=-11$ 또는 $x=3$
(3) 3
03 (1) $x+5$
(2) $x+5$
(3) $x=-9$ 또는 $x=4$
(4) 4, 9
04 (1) $x+1$
(2) $x(x+1)=30$
(3) 5, 6
05 (1) $x+2$
(2) $x(x+2)=224$
(3) 14, 16
06 (1) $x-1$ / $x+1$
(2) $x-1$, $x+1$
(3) $x=-7$ 또는 $x=7$
(4) 6, 7, 8

ACT+ 16
046~047쪽

01 (1) $(x-6)$개
(2) $x(x-6)=40$ (3) 10명
02 (1) $x(x+3)=28$ (2) 4개
03 (1) $x^2+(x-3)^2=117$
(2) 수정이의 나이 : 9살,
동생의 나이 : 6살
04 (1) $x(x+1)=156$
(2) 12쪽, 13쪽
05 (1) $20x-5x^2=15$
(2) 1초 후 또는 3초 후
06 (1) $20x-5x^2=0$
(2) 4초 후
07 (1) $80+30x-5x^2=120$
(2) 2초 후 또는 4초 후
08 (1) $80+30x-5x^2=0$
(2) 8초 후

ACT+ 17
048~049쪽

01 (1) $(10-x)$ cm (2) $x(10-x)=24$ (3) $x=4$ 또는 $x=6$ (4) 6 cm

02 (1) $x^2+(x+2)^2=(x+4)^2$ (2) 6

03 (1) $\frac{1}{2}\times(x+5)\times x=42$ (2) $x=7$ 또는 $x=-12$ (3) 7 cm

04 (1) $(x+2)$ m / $(x-3)$ m (2) $(x+2)(x-3)=50$ (3) $x=8$ 또는 $x=-7$ (4) 8 m

05 (1) $(x+1)$ cm (2) $\pi\times(x+1)^2=2\pi x^2$ (3) $x=1\pm\sqrt{2}$ (4) $(1+\sqrt{2})$ cm

ACT+ 18
050~051쪽

01 (1) $(60-x)$ m / $(20-x)$ m (2) $(60-x)(20-x)=624$ (3) $x=72$ 또는 $x=8$ (4) 8 m

02 (1) $(24-x)(16-x)=240$ (2) 4 m

03 2

04 (1) $(14-x)$ cm (2) $x^2+(14-x)^2=116$ (3) $x=10$ 또는 $x=4$ (4) 10 cm

05 (1) $(x-6)$ cm (2) $(x-6)^2\times 3=48$ (3) $x=10$ 또는 $x=2$ (4) 10 cm

TEST 05
052~053쪽

01 ⑤
02 -2
03 $x=-2$
04 2
05 $x=-3$ 또는 $x=4$
06 $x=-11$
07 $x=\frac{3}{2}$ 또는 $x=2$
08 26
09 20
10 $x=\pm\sqrt{5}$
11 $x=-3\pm\sqrt{5}$
12 $x=-\frac{1}{3}$ 또는 $x=\frac{2}{3}$
13 $x=-1$ 또는 $x=3$
14 2개
15 0개
16 $3x^2-12=0$
17 10
18 6
19 육각형
20 15 cm

Chapter Ⅵ 이차함수의 그래프 (1)

ACT 19
058~059쪽

01 ○
02 ×
03 ×
04 ○
05 ×
06 ○
07 x^2 / ×
08 $x+7$ / ○
09 $30x$ / ○
10 $\frac{3}{x}$ / ×
11 $y=-4x+1$
12 $y=\frac{2}{3}x+2$
13 $y=x$
14 $y=-3x-2$
15 x절편 : -7, y절편 : 7, 기울기 : 1
16 x절편 : 3, y절편 : 3, 기울기 : -1
17 x절편 : 1, y절편 : 5, 기울기 : -5
18 x절편 : -8, y절편 : 4, 기울기 : $\frac{1}{2}$

ACT 20
060~061쪽

01 ×
02 ○
03 ×
04 ○
05 ×
06 $3x$ / ×
07 πx^2 / ○
08 $x^2-12x+36$ / ○
09 $400x$ / ×
10 -5
11 -4
12 -8
13 $\frac{27}{4}$
14 32
15 -12
16 1, 1, 2 / -2, 2, 4
17 $\frac{7}{2}$
18 $-\frac{3}{4}$
19 $4-a$, 4
20 $a\neq 2$
21 $a\neq -3$

ACT 21
062~063쪽

01 (1) 0, 1, 4
(2) -1, 0, -1, -4

02

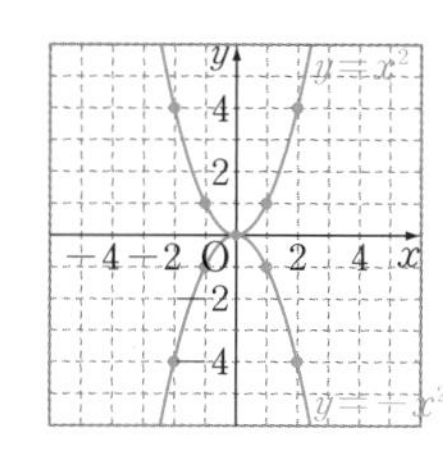

03 아래

04 y

05 증가

06 x

07 1, 2

08

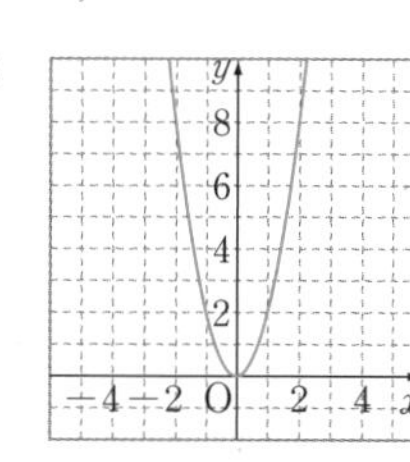

09 (1) 0, 0 (2) 아래
(3) $x=0$ (4) 1, 2

10

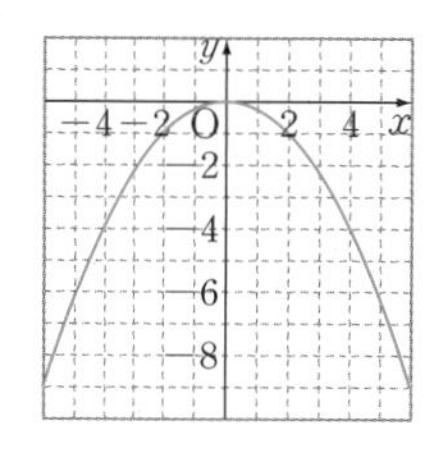

11 (1) 0, 0 (2) 위
(3) $x=0$ (4) 3, 4

ACT 22
064~065쪽

01 ㉡

02 ㉢

03 ㉠

04 ㉣

05

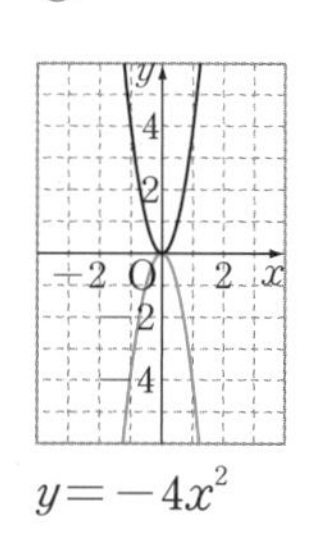

$y=-4x^2$

06

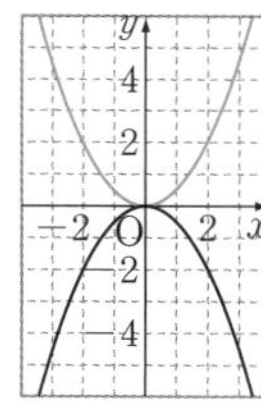

$y=\frac{1}{2}x^2$

07 ㉠, ㉡, ㉥

08 ㉥

09 ㉢, ㉣, ㉤

10 ㉡과 ㉤

11 ㉣, ㉤, ㉥

12 ㉢, ㉥

13 -3, -1, -3

14 3

15 4

16 5

17 $\frac{1}{3}$

18 $-\frac{3}{4}$

19 $a=\frac{3}{2}$, $b=24$

20 $a=\frac{2}{3}$, $b=6$

21 $a=-16$, $b=-1$

ACT 23
068~069쪽

01 2

02 $-\frac{1}{4}$

03 $y=7x^2-3$

04 $y=-\frac{1}{2}x^2+\frac{1}{4}$

05 $y=\frac{3}{5}x^2+9$

06

$y=\frac{1}{3}x^2$

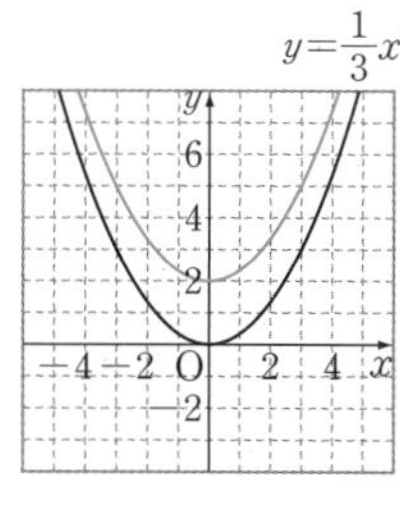

07

$y=\frac{1}{3}x^2$

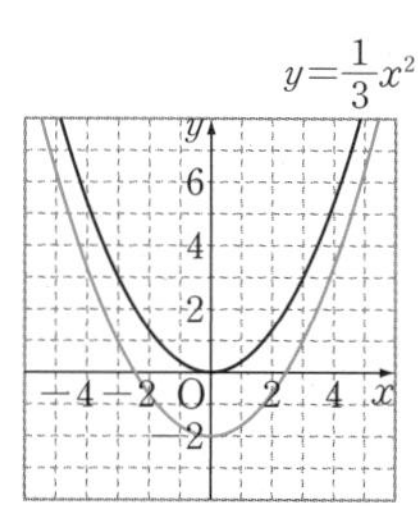

08

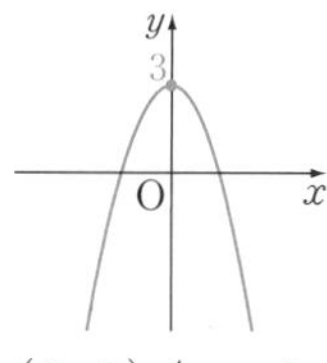

(0, 3) / $x=0$

09

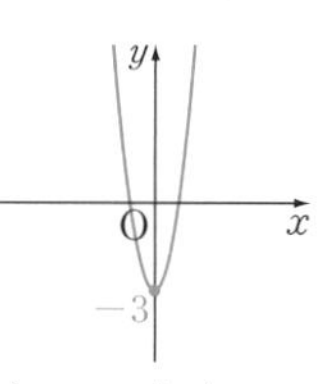

(0, -3) / $x=0$

10

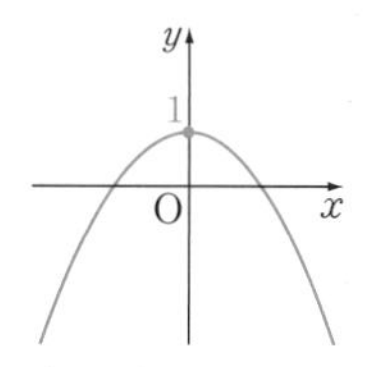

(0, 1) / $x=0$

11 2 / 2 / 2, 5

12 -5

13 -2

14 16

ACT 24
070~071쪽

01 2

02 $-\frac{1}{4}$

03 $y=-2(x-7)^2$

04 $y=\frac{1}{3}(x+2)^2$

05 $y=-\frac{1}{4}\left(x-\frac{2}{3}\right)^2$

06

$y=\frac{1}{4}x^2$

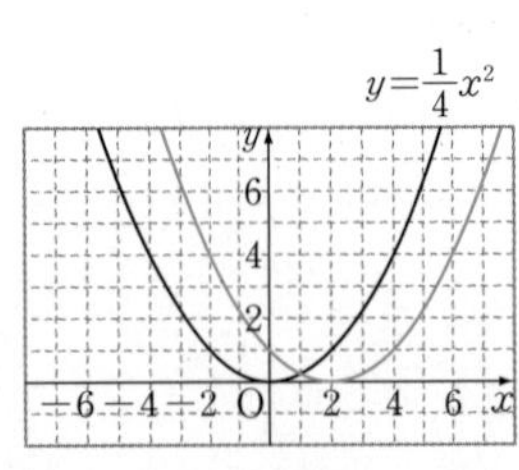

07

$y=\frac{1}{4}x^2$

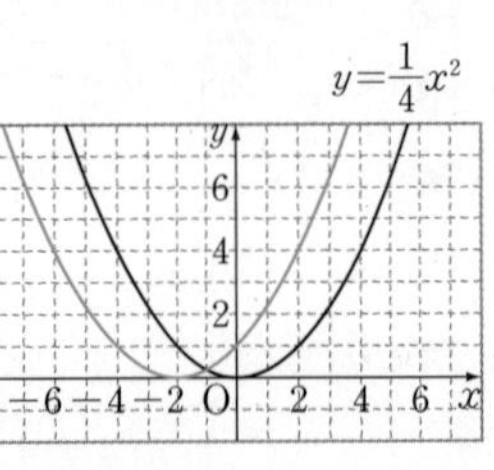

08

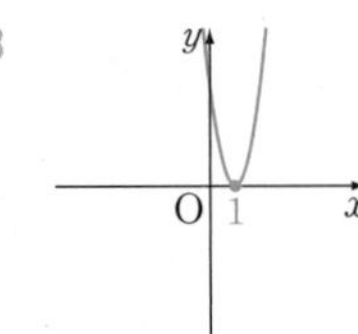

$(1, 0)$ / $x=1$

09

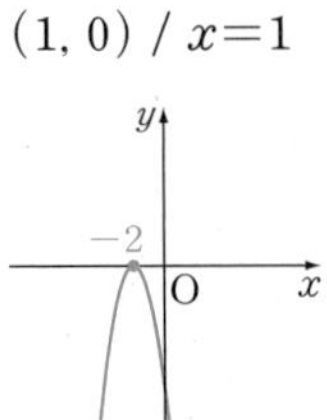

$(-2, 0)$ / $x=-2$

10

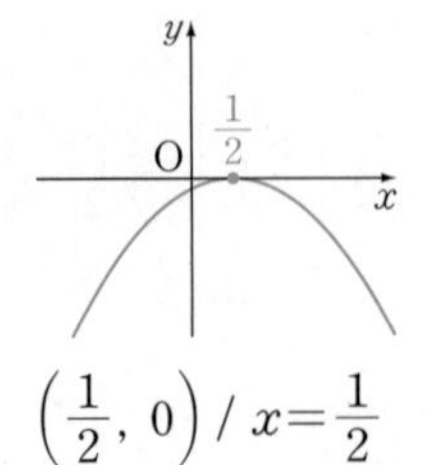

$\left(\frac{1}{2}, 0\right)$ / $x=\frac{1}{2}$

11 $1, 1$ / $2, 1, 3$

12 6

13 $1, 5$

14 $\frac{2}{3}$

ACT 25
072~073쪽

01 $p=1$, $q=9$

02 $p=-\frac{4}{5}$, $q=\frac{2}{5}$

03 $y=2(x-3)^2-1$

04 $y=-7\left(x+\frac{1}{3}\right)^2+6$

05 $y=\frac{2}{3}(x+9)^2-11$

06

$y=\frac{1}{2}x^2$

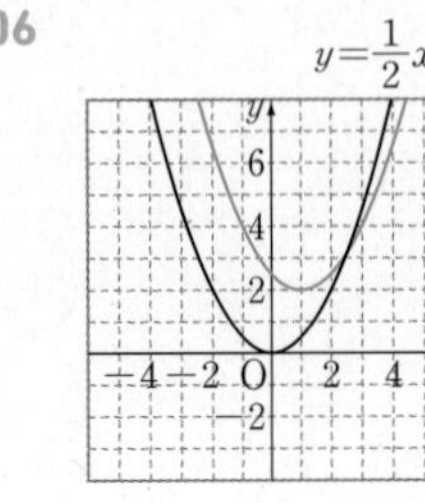

07

$y=\frac{1}{2}x^2$

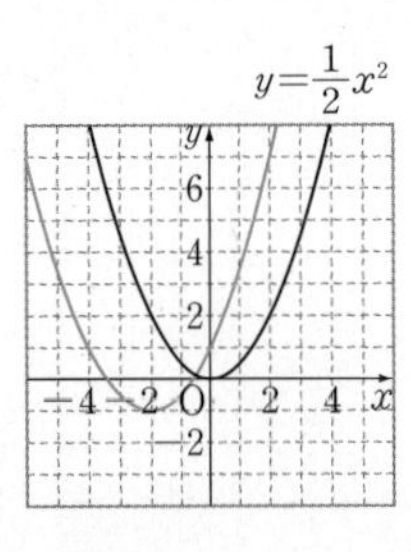

08

$(1, 3)$ / $x=1$

09

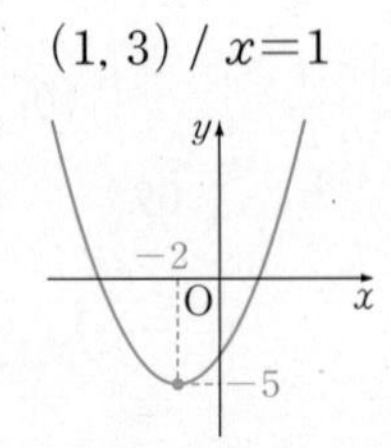

$(-2, -5)$ / $x=-2$

10

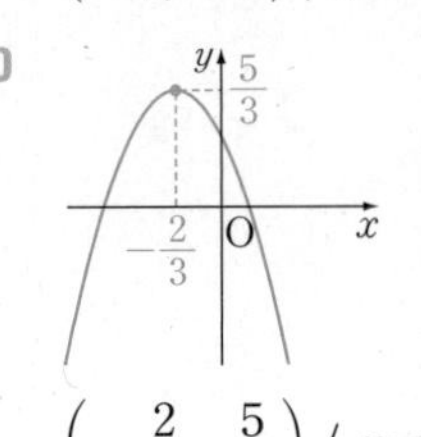

$\left(-\frac{2}{3}, \frac{5}{3}\right)$ / $x=-\frac{2}{3}$

11 $2, 3$ / $2, 3$ / $1, 2, 3, -4$

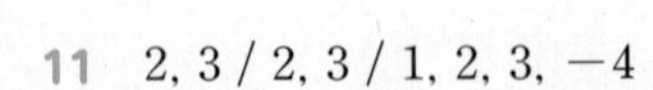

12 12

13 $-1, 5$

14 $\frac{3}{2}$

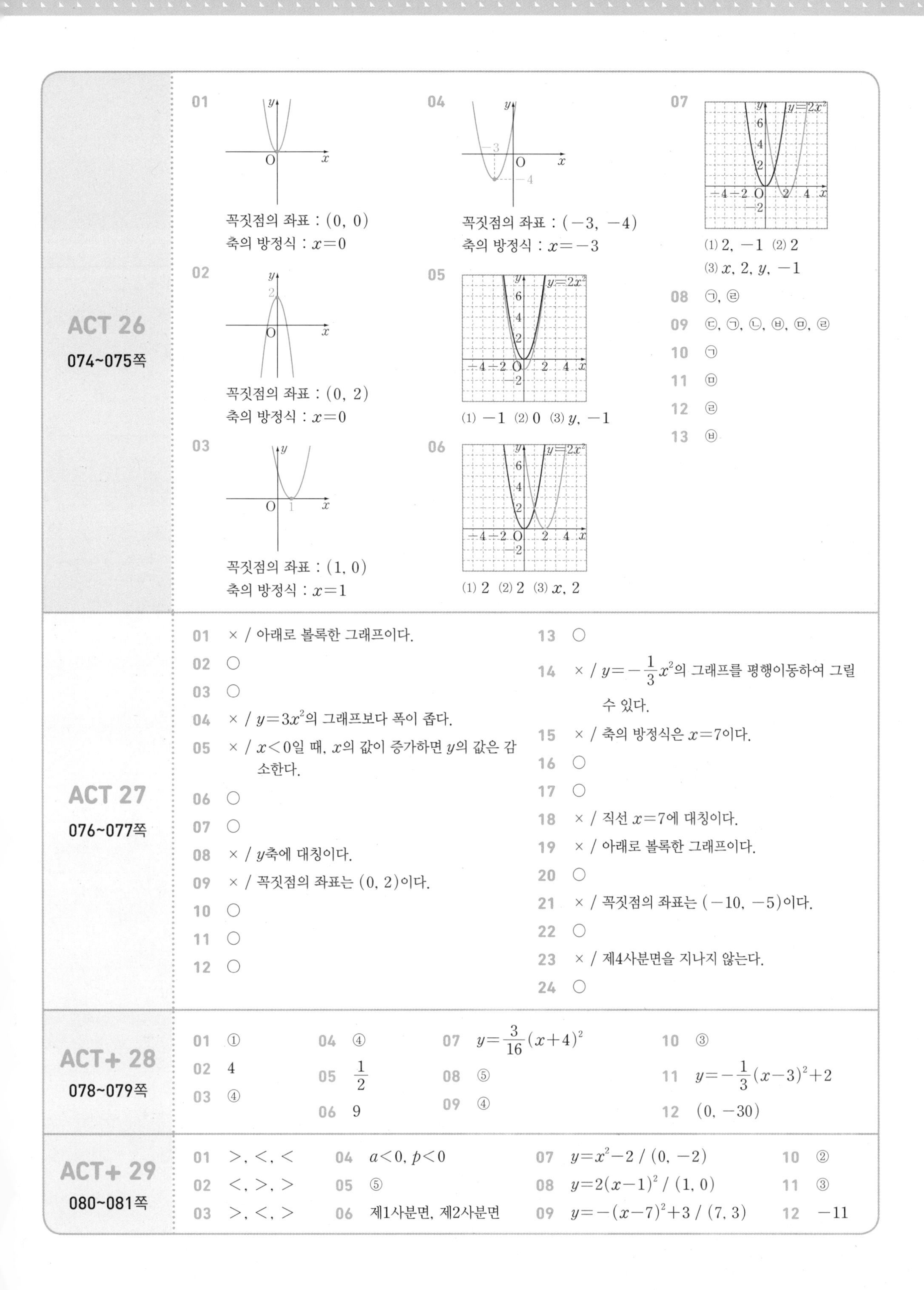

ACT 26
074~075쪽

01 꼭짓점의 좌표 : (0, 0)
축의 방정식 : $x=0$

02 꼭짓점의 좌표 : (0, 2)
축의 방정식 : $x=0$

03 꼭짓점의 좌표 : (1, 0)
축의 방정식 : $x=1$

04 꼭짓점의 좌표 : (−3, −4)
축의 방정식 : $x=-3$

05 (1) −1 (2) 0 (3) y, −1

06 (1) 2 (2) 2 (3) x, 2

07 (1) 2, −1 (2) 2
(3) x, 2, y, −1

08 ㉠, ㉣

09 ㉢, ㉠, ㉡, ㉥, ㉤, ㉣

10 ㉠

11 ㉤

12 ㉣

13 ㉥

ACT 27
076~077쪽

01 × / 아래로 볼록한 그래프이다.

02 ○

03 ○

04 × / $y=3x^2$의 그래프보다 폭이 좁다.

05 × / $x<0$일 때, x의 값이 증가하면 y의 값은 감소한다.

06 ○

07 ○

08 × / y축에 대칭이다.

09 × / 꼭짓점의 좌표는 (0, 2)이다.

10 ○

11 ○

12 ○

13 ○

14 × / $y=-\frac{1}{3}x^2$의 그래프를 평행이동하여 그릴 수 있다.

15 × / 축의 방정식은 $x=7$이다.

16 ○

17 ○

18 × / 직선 $x=7$에 대칭이다.

19 × / 아래로 볼록한 그래프이다.

20 ○

21 × / 꼭짓점의 좌표는 (−10, −5)이다.

22 ○

23 × / 제4사분면을 지나지 않는다.

24 ○

ACT+ 28
078~079쪽

01 ①

02 4

03 ④

04 ④

05 $\frac{1}{2}$

06 9

07 $y=\frac{3}{16}(x+4)^2$

08 ⑤

09 ④

10 ③

11 $y=-\frac{1}{3}(x-3)^2+2$

12 (0, −30)

ACT+ 29
080~081쪽

01 >, <, <

02 <, >, >

03 >, <, >

04 $a<0$, $p<0$

05 ⑤

06 제1사분면, 제2사분면

07 $y=x^2-2$ / (0, −2)

08 $y=2(x-1)^2$ / (1, 0)

09 $y=-(x-7)^2+3$ / (7, 3)

10 ②

11 ③

12 −11

TEST 06
082~083쪽

01 ②

02 ㉢, ㉠, ㉡

03 ㉠, ㉤, ㉥

04 ㉤

05 ㉡, ㉢, ㉣

06 ③

07 $-\frac{1}{3}$

08 -12

09

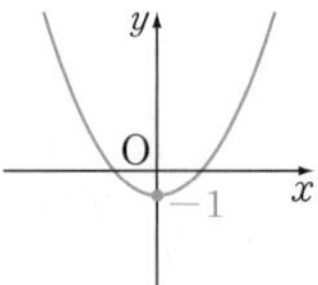

꼭짓점의 좌표 : $(0,\ -1)$
축의 방정식 : $x=0$

10

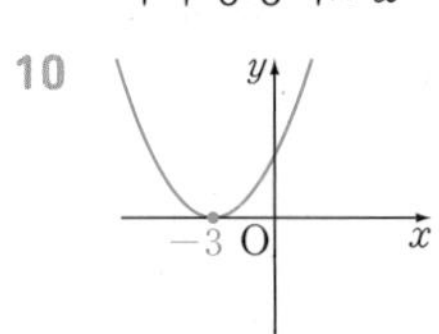

꼭짓점의 좌표 : $(-3,\ 0)$
축의 방정식 : $x=-3$

11 $y=4(x+4)^2+3$

12 $y=-\frac{1}{7}\left(x-\frac{3}{2}\right)^2-2$

13 -5

14 100

15 ㉠, ㉡

16 ㉠, ㉣, ㉡, ㉢

17 $y=\frac{4}{5}(x+4)^2+2$

18 ④

19 $a<0,\ p<0,\ q>0$

20 13

Chapter Ⅶ 이차함수의 그래프 (2)

ACT 30
088~089쪽

01 1, 1 / 1, 2 / 1, 7

02 6 / 6, 9, 9 / 3, 3 / 3, 1

03 $y=(x+1)^2-8$

04 $y=-3(x+2)^2+17$

05 $y=\frac{1}{4}(x-2)^2-\frac{1}{2}$

06 $x=2$ / $(2,\ -7)$ / -3

07 $x=-3$ / $(-3,\ -18)$ / 0

08 $x=1$ / $(1,\ 6)$ / 1

09 $x=3$ / $(3,\ 7)$ / $\frac{5}{2}$

10 0, 0 / 3, 2 / −3, 2 / −3

11 $(3,\ 0),\ (-7,\ 0)$

12 $(-3,\ 0),\ (1,\ 0)$

13 $\left(-\frac{3}{2},\ 0\right),\ \left(\frac{5}{2},\ 0\right)$

14 7

ACT 31
090~091쪽

01 −2, −1 / 0, 3

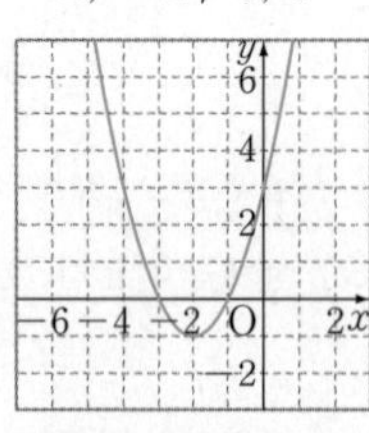
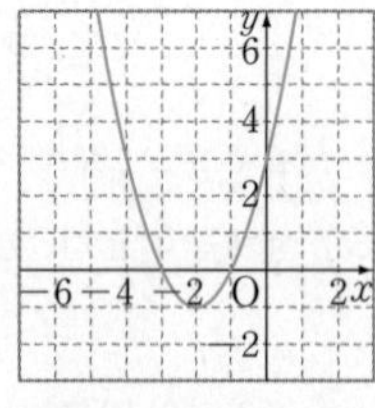

02 2, 5 / 0, −3

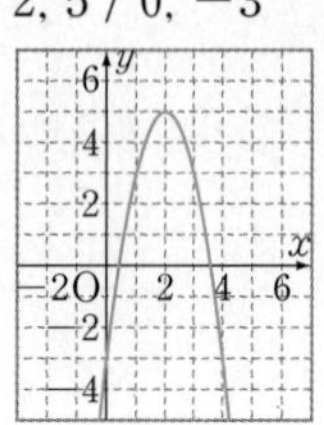

03 −4, −1 / 0, 7

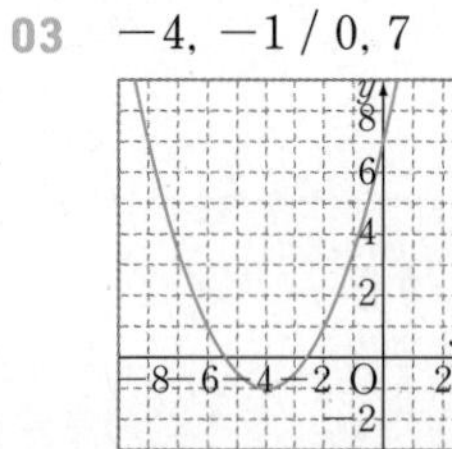

04 3, −2 / 0, −5

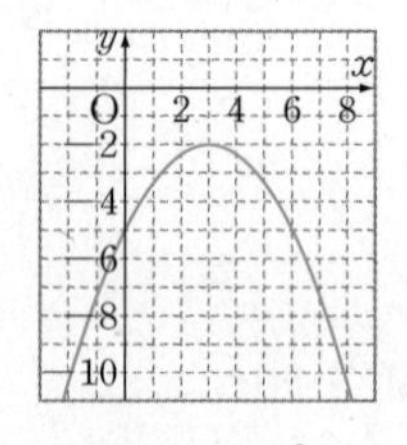

05 $y=3(x-1)^2+1$

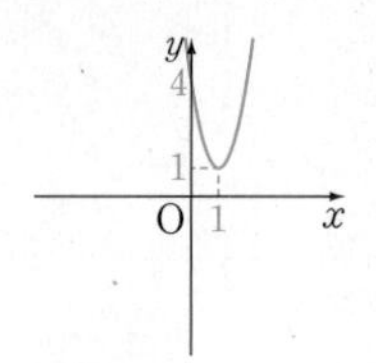

(1) $3x^2$, 1, 1
(2) $(1,\ 1)$
(3) $x=1$
(4) 아래

06 $y=-(x+2)^2+6$

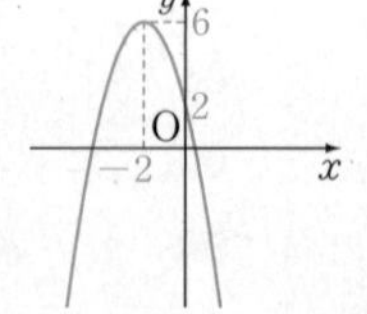

(1) $-x^2$, −2, 6 (2) $(-2,\ 6)$
(3) $x=-2$ (4) 위

07 $y=\frac{1}{3}(x+3)^2-4$

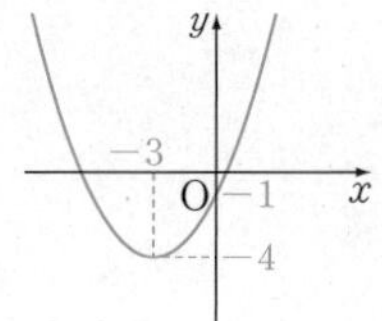

(1) $\frac{1}{3}x^2$, −3, −4
(2) $(-3,\ -4)$
(3) $x=-3$ (4) 아래

08 ③

ACT 32
092~093쪽

01 (1) $<$ (2) $<, >$ (3) $>$
02 $>, <, <$
03 (1) $>$ (2) $>, >$ (3) $<$
04 $<, >, <$
05 $<, <, <$
06 $>, >, >$
07 $<, <, >$
08 $>, <, >$
09 a, b, c / $<$
10 a, b, c / 양수 / $>$
11 $4a, 2b, c$ / 양수 / $>$
12 ⑤

ACT+ 33
094~095쪽

01 ④
02 $x<-1$
03 $x>5$
04 ③
05 $x>-5$
06 $x<6$
07 $x=4$
08 ③
09 4
10 ②
11 ㉠, ㉣

ACT 34
096~097쪽

01 ❶ 1, 5 ❷ 3, 1, 5, -2 ❸ -2, 1, 5
02 $y=2(x-1)^2+2$
03 $y=-3(x+2)^2+6$
04 $y=-\frac{1}{4}(x+2)^2+2$
05 $y=3(x-3)^2+1$
06 $y=(x+1)^2-5$
07 ❶ 1 ❷ 5, 11, 4 ❸ 2, 3 ❹ 2, 1, 3
08 $y=3(x+2)^2-7$
09 $y=-(x+4)^2+3$
10 $y=-2(x+2)^2+6$
11 $y=\frac{1}{2}(x-1)^2-3$
12 $y=(x-3)^2+1$

ACT 35
098~099쪽

01 ❶ 2 ❷ -3, 1 ❸ 4, -7 ❹ 4, 7, 2
02 $y=x^2-4x+3$
03 $y=3x^2+x-4$
04 $y=-\frac{1}{4}x^2-x+3$
05 $y=2x^2+4x-5$
06 $y=-3x^2+2x+4$
07 ❶ 3 ❷ 4, -4, -1 ❸ 3, 2, 3
08 $y=2x^2+2x-4$
09 $y=-x^2+5x-4$
10 $y=-x^2-4x+5$
11 $y=\frac{1}{3}x^2-\frac{1}{3}x-2$
12 $y=x^2-2x-3$

ACT+ 36
100~101쪽

01 (1) $y=-5(x-3)^2+80$
(2) $(3, 80)$
(3) 7초 후
(4) 1초 후 또는 5초 후
02 (1) 가로의 길이 : $(20-x)$ cm,
세로의 길이 : $(20+2x)$ cm
(2) $y=-2x^2+20x+400$
(3) 15 cm
03 (1) $y=-x^2+20x$
(2) 10
04 (1) $\mathrm{A}(0, 4)$
(2) $\mathrm{B}(-1, 0)$, $\mathrm{C}(4, 0)$
(3) 5
(4) 10
05 27
06 80
07 6

TEST 07
102~103쪽

01 $y=(x-1)^2-10$
02 $y=-2(x-2)^2+5$
03 축의 방정식 : $x=-2$
꼭짓점의 좌표 : $(-2, 3)$
y절편 : 7
04 축의 방정식 : $x=3$
꼭짓점의 좌표 : $(3, 29)$
y절편 : 2
05 $(3, 0)$, $(-2, 0)$
06 $\left(\frac{1}{3}, 0\right)$, $(-4, 0)$
07 꼭짓점의 좌표 : $(-2, -7)$
y축과의 교점의 좌표 : $(0, -5)$
08 $a<0$, $b>0$, $c<0$
09 $a>0$, $b>0$, $c>0$
10 ④
11 10
12 ②
13 $y=2(x-2)^2-3$
14 $y=-(x+3)^2+4$
15 $y=x^2-3x+6$
16 $y=-x^2-5x-4$
17 $y=\frac{1}{3}(x-3)^2-5$
18 $y=-x^2-2x+8$
19 15
20 8

Chapter V 이차방정식

014~015쪽

01 $x+5=1$에서 $x+4=0$
➡ 일차방정식이다.

02 $x^2-2=5x$에서 $x^2-5x-2=0$
➡ 일차방정식이 아니다.

04 $4x-20=4(x-5)$에서
$4x-20=4x-20$
➡ 일차방정식이 아니다.

05 $7-x=x(x+1)$에서 $7-x=x^2+x$
$-x^2-2x+7=0$
➡ 일차방정식이 아니다.

06 $x^2-5x=x^2+4$에서 $-5x-4=0$
➡ 일차방정식이다.

08 $-x+2=-5$, $-x=-7$
$\therefore x=7$

09 $3x-1=5$, $3x=6$
$\therefore x=2$

10 $15-4x=x$, $-5x=-15$
$\therefore x=3$

11 $4x+1=2x-7$, $2x=-8$
$\therefore x=-4$

12 $-5x-3=-3x+1$, $-2x=4$
$\therefore x=-2$

17 $x^2=(x-4)(x+4)$에서 $x^2=x^2-16$
➡ 이차방정식이 아니다.

20 x^2의 계수는 0이 아니어야 하므로
$3a-1\neq0$ $\therefore a\neq\frac{1}{3}$

21 $(ax-2)(x+8)=3x^2-4$
$ax^2+(8a-2)x-16=3x^2-4$
$(a-3)x^2+(8a-2)x-12=0$
이때 x^2의 계수는 0이 아니어야 하므로
$a-3\neq0$ $\therefore a\neq3$

ACT 02

016~017쪽

02 $x=2$를 $x^2-2=0$에 대입하면
$2^2-2=2\neq0$
따라서 $x=2$는 해가 아니다.

03 $x=0$을 $x^2+5x=0$에 대입하면
$0^2+5\times0=0$
따라서 $x=0$은 해이다.

04 $x=-1$을 $x^2+2x+1=0$에 대입하면
$(-1)^2+2\times(-1)+1=0$
따라서 $x=-1$은 해이다.

05 $x=-3$을 $x^2-4x+3=0$에 대입하면
$(-3)^2-4\times(-3)+3=24\neq0$
따라서 $x=-3$은 해가 아니다.

06 $x=5$를 $x^2-3x-10=0$에 대입하면
$5^2-3\times5-10=0$
따라서 $x=5$는 해이다.

07 $x=-2$를 $2x^2+9x-5=0$에 대입하면
$2\times(-2)^2+9\times(-2)-5=-15\neq0$
따라서 $x=-2$는 해가 아니다.

09 $x=-1$일 때, $(-1)^2+3\times(-1)-4=-6$
$x=0$일 때, $0^2+3\times0-4=-4$
$x=1$일 때, $1^2+3\times1-4=0$
따라서 이차방정식의 해는 $x=1$이다.

10 $x=-1$일 때, $(-1)^2-7\times(-1)-8=0$
$x=0$일 때, $0^2-7\times0-8=-8$
$x=1$일 때, $1^2-7\times1-8=-14$
따라서 이차방정식의 해는 $x=-1$이다.

11 $x=-1$일 때, $(-1)^2-1=0$
$x=0$일 때, $0^2-1=-1$
$x=1$일 때, $1^2-1=0$
따라서 이차방정식의 해는 $x=-1$ 또는 $x=1$이다.

12 $x=-1$일 때, $(-1)^2+12\times(-1)+11=0$
$x=0$일 때, $0^2+12\times0+11=11$
$x=1$일 때, $1^2+12\times1+11=24$
따라서 이차방정식의 해는 $x=-1$이다.

14 $x=5$를 $x(x-a)+5=0$, 즉 $x^2-ax+5=0$에 대입하면
$5^2-5a+5=0$, $-5a=-30$
$\therefore a=6$

15 $x=2$를 $2ax^2-7x-2=0$에 대입하면
$2a\times2^2-7\times2-2=0$, $8a=16$
$\therefore a=2$

16 $x=-1$을 $x^2+5ax-6=0$에 대입하면
$(-1)^2+5a\times(-1)-6=0$
$-5a=5$ $\quad\therefore a=-1$

17 $x=-2$를 $ax^2-9x+2=0$에 대입하면
$a\times(-2)^2-9\times(-2)+2=0$
$4a=-20$ $\quad\therefore a=-5$

ACT 03 018~019쪽

10 $x^2+7x+6=0$에서 $(x+6)(x+1)=0$
$\therefore x=-6$ 또는 $x=-1$

11 $x^2-x-12=0$에서 $(x-4)(x+3)=0$
$\therefore x=4$ 또는 $x=-3$

12 $x^2+10x=0$에서 $x(x+10)=0$
$\therefore x=0$ 또는 $x=-10$

13 $x^2+4x-5=0$에서 $(x+5)(x-1)=0$
$\therefore x=-5$ 또는 $x=1$

14 $x^2-3x=10$에서 $x^2-3x-10=0$
$(x-5)(x+2)=0$
$\therefore x=5$ 또는 $x=-2$

15 $2x^2+7x-15=0$에서 $(2x-3)(x+5)=0$
$\therefore x=\frac{3}{2}$ 또는 $x=-5$

16 $3x^2-5x-2=0$에서 $(3x+1)(x-2)=0$
$\therefore x=-\frac{1}{3}$ 또는 $x=2$

17 $6x^2-13x+6=0$에서 $(2x-3)(3x-2)=0$
$\therefore x=\frac{3}{2}$ 또는 $x=\frac{2}{3}$

18 $5x^2-2x-7=0$에서 $(x+1)(5x-7)=0$
$\therefore x=-1$ 또는 $x=\frac{7}{5}$

19 $9x^2-3x-2=0$에서 $(3x+1)(3x-2)=0$
$\therefore x=-\frac{1}{3}$ 또는 $x=\frac{2}{3}$

20 $(x+5)(x-2)=0$이면 $x+5=0$ 또는 $x-2=0$
$\therefore x=-5$ 또는 $x=2$

ACT 04 020~021쪽

04 $x^2-12x+36=0$에서 $(x-6)^2=0$
$\therefore x=6$

05 $x^2+18x+81=0$에서 $(x+9)^2=0$
$\therefore x=-9$

07 $4x^2-12x+9=0$에서 $(2x-3)^2=0$
$\therefore x=\frac{3}{2}$

08 $49x^2+28x+4=0$에서 $(7x+2)^2=0$
$\therefore x=-\frac{2}{7}$

10 $a=\left(\frac{-16}{2}\right)^2=64$

11 $a-1=\left(\frac{2}{2}\right)^2=1$ $\quad\therefore a=2$

12 $a+6=\left(\frac{-4}{2}\right)^2=4$ $\quad\therefore a=-2$

13 $3a=\left(\frac{-6}{2}\right)^2=9$ $\quad\therefore a=3$

14 $6a=\left(\frac{-24}{2}\right)^2=144$ $\quad\therefore a=24$

16 $\left(\frac{-a}{2}\right)^2=49$, $\frac{a^2}{4}=49$
$a^2=196$ $\quad\therefore a=14$ ($\because a>0$)

17 $\left(\frac{2a}{2}\right)^2=100$, $a^2=100$
$\therefore a=10$ ($\because a>0$)

18 $\left(\frac{-3a}{2}\right)^2=36$, $\frac{9a^2}{4}=36$
$9a^2=144$, $a^2=16$
$\therefore a=4$ ($\because a>0$)

19 $\left(\frac{-2a}{2}\right)^2=121$, $a^2=121$
$\therefore a=\pm11$

ACT 05 022~023쪽

03 $x=\pm\sqrt{9}=\pm3$

05 $x=\pm\sqrt{12}=\pm2\sqrt{3}$

06 $x=\pm\sqrt{20}=\pm2\sqrt{5}$

08 $3x^2=75$의 양변을 3으로 나누면 $x^2=25$
$\therefore x=\pm\sqrt{25}=\pm5$

09 $5x^2=30$의 양변을 5로 나누면 $x^2=6$
$\therefore x=\pm\sqrt{6}$

10 $6x^2=42$의 양변을 6으로 나누면 $x^2=7$
$\therefore x=\pm\sqrt{7}$

11 $3x^2=24$의 양변을 3으로 나누면 $x^2=8$
$\therefore x=\pm\sqrt{8}=\pm2\sqrt{2}$

12 $7x^2=84$의 양변을 7로 나누면 $x^2=12$
$\therefore x=\pm\sqrt{12}=\pm2\sqrt{3}$

14 $(x+4)^2=3$에서 $x+4=\pm\sqrt{3}$
$\therefore x=-4\pm\sqrt{3}$

15 $(x+7)^2=20$에서 $x+7=\pm\sqrt{20}=\pm2\sqrt{5}$
$\therefore x=-7\pm2\sqrt{5}$

17 $(x+5)^2=16$에서 $x+5=\pm4$
$\therefore x=-1$ 또는 $x=-9$

18 $(x-6)^2=49$에서 $x-6=\pm7$
$\therefore x=13$ 또는 $x=-1$

20 $5(x-4)^2=35$의 양변을 5로 나누면
$(x-4)^2=7$, $x-4=\pm\sqrt{7}$
$\therefore x=4\pm\sqrt{7}$

21 $8(x+9)^2=24$의 양변을 8로 나누면
$(x+9)^2=3$, $x+9=\pm\sqrt{3}$
$\therefore x=-9\pm\sqrt{3}$

23 $6(x+5)^2=54$의 양변을 6으로 나누면
$(x+5)^2=9$, $x+5=\pm3$
$\therefore x=-2$ 또는 $x=-8$

24 $3(x-7)^2=12$의 양변을 3으로 나누면
$(x-7)^2=4$, $x-7=\pm2$
$\therefore x=9$ 또는 $x=5$

ACT 06 024~025쪽

02 $3x^2-6x-6=0$에서
$x^2-2x-2=0$
$x^2-2x=2$
$x^2-2x+1=2+1$
$\therefore (x-1)^2=3$

03 $x^2-6x+5=0$에서
$x^2-6x=-5$
$x^2-6x+9=-5+9$
$\therefore (x-3)^2=4$

04 $x^2+8x-3=0$에서
$x^2+8x=3$
$x^2+8x+16=3+16$
$\therefore (x+4)^2=19$

05 $5x^2-20x-5=0$에서
$x^2-4x-1=0$
$x^2-4x=1$
$x^2-4x+4=1+4$
$\therefore (x-2)^2=5$

06 $4x^2-40x+8=0$에서
$x^2-10x+2=0$
$x^2-10x=-2$
$x^2-10x+25=-2+25$
$\therefore (x-5)^2=23$

07 $6x^2+12x-24=0$에서
$x^2+2x-4=0$
$x^2+2x=4$
$x^2+2x+1=4+1$
$\therefore (x+1)^2=5$

09 $x^2+8x+3=0$에서
$x^2+8x=-3$
$x^2+8x+16=-3+16$
$(x+4)^2=13$
$x+4=\pm\sqrt{13}$
$\therefore x=-4\pm\sqrt{13}$

10 $x^2-12x-1=0$에서
$x^2-12x=1$
$x^2-12x+36=1+36$
$(x-6)^2=37$
$x-6=\pm\sqrt{37}$
$\therefore x=6\pm\sqrt{37}$

11 $x^2-6x-4=0$에서
$x^2-6x=4$
$x^2-6x+9=4+9$
$(x-3)^2=13$
$x-3=\pm\sqrt{13}$
$\therefore x=3\pm\sqrt{13}$

12 $x^2+10x+3=0$에서
$x^2+10x=-3$
$x^2+10x+25=-3+25$
$(x+5)^2=22$
$x+5=\pm\sqrt{22}$
$\therefore x=-5\pm\sqrt{22}$

14 $3x^2-18x+3=0$에서
$x^2-6x+1=0$
$x^2-6x=-1$
$x^2-6x+9=-1+9$
$(x-3)^2=8$
$x-3=\pm2\sqrt{2}$
$\therefore x=3\pm2\sqrt{2}$

15 $6x^2+12x-6=0$에서
$x^2+2x-1=0$
$x^2+2x=1$
$x^2+2x+1=1+1$
$(x+1)^2=2$
$x+1=\pm\sqrt{2}$
$\therefore x=-1\pm\sqrt{2}$

16 $4x^2-32x+16=0$에서
$x^2-8x+4=0$
$x^2-8x=-4$
$x^2-8x+16=-4+16$
$(x-4)^2=12$
$x-4=\pm2\sqrt{3}$
$\therefore x=4\pm2\sqrt{3}$

17 $7x^2-14x-1=0$에서
$x^2-2x-\frac{1}{7}=0$
$x^2-2x=\frac{1}{7}$
$x^2-2x+1=\frac{1}{7}+1$
$(x-1)^2=\frac{8}{7}$
$x-1=\pm\frac{2\sqrt{14}}{7}$
$\therefore x=1\pm\frac{2\sqrt{14}}{7}$

ACT+ 07

026~027쪽

01 $x=-1$을 $3x^2-2ax+a+3=0$에 대입하면
$3\times(-1)^2-2a\times(-1)+a+3=0$
$3a=-6 \quad \therefore a=-2$

02 $x=2$를 $4x^2-x+a=0$에 대입하면
$4\times2^2-2+a=0 \quad \therefore a=-14$
$x=3$을 $2x^2+3x-b=0$에 대입하면
$2\times3^2+3\times3-b=0 \quad \therefore b=27$
$\therefore a+b=-14+27=13$

03 $x=-1$을 $x^2+ax+b=0$에 대입하면
$(-1)^2+a\times(-1)+b=0$
$\therefore a-b=1$ …… ㉠
$x=3$을 $x^2+ax+b=0$에 대입하면
$3^2+a\times3+b=0$
$\therefore 3a+b=-9$ …… ㉡
㉠, ㉡을 연립하여 풀면 $a=-2$, $b=-3$
$\therefore ab=(-2)\times(-3)=6$

04 (1) $x=a$를 $x^2+3x-5=0$에 대입하면
$a^2+3a-5=0$
$\therefore a^2+3a=5$
(2) $2a^2+6a+3=2(a^2+3a)+3=2\times5+3=13$
(3) $a\neq0$이므로 $a^2+3a-5=0$의 양변을 a로 나누면
$a+3-\frac{5}{a}=0 \quad \therefore a-\frac{5}{a}=-3$

05 $x=a$를 $x^2-3x+6=0$에 대입하면
$a^2-3a+6=0$, $a^2-3a=-6$
$\therefore 2a^2-6a=2(a^2-3a)=2\times(-6)=-12$

06 $x=a$를 $x^2-2x-7=0$에 대입하면
$a^2-2a-7=0$
$a\neq0$이므로 양변을 a로 나누면
$a-2-\frac{7}{a}=0 \quad \therefore a-\frac{7}{a}=2$

07 (1) $x=1$을 $x^2+ax-6=0$에 대입하면
$1^2+a\times1-6=0 \quad \therefore a=5$
(2) $x^2+5x-6=0$, $(x+6)(x-1)=0$
$\therefore x=-6$ 또는 $x=1$
따라서 다른 한 근은 $x=-6$이다.

08 $x=3$을 $x^2+4x+a=0$에 대입하면
$3^2+4\times3+a=0 \quad \therefore a=-21$
즉, $x^2+4x-21=0$
$(x+7)(x-3)=0$
$\therefore x=-7$ 또는 $x=3$
따라서 $b=-7$이므로 $a+b=-21-7=-28$

09 $x=-2$를 $ax^2+3x-2a=0$에 대입하면
$a\times(-2)^2+3\times(-2)-2a=0$
$2a=6 \qquad \therefore a=3$
즉, $3x^2+3x-6=0$
$x^2+x-2=0$
$(x+2)(x-1)=0$
$\therefore x=-2$ 또는 $x=1$
따라서 다른 한 근은 $x=1$이다.

10 (1) $x^2+2x-15=0$, $(x+5)(x-3)=0$
$\therefore x=-5$ 또는 $x=3$
(2) $2x^2+11x+5=0$, $(2x+1)(x+5)=0$
$\therefore x=-\frac{1}{2}$ 또는 $x=-5$

11 $x=-6$을 $x^2+5x+a=0$에 대입하면
$(-6)^2+5\times(-6)+a=0 \qquad \therefore a=-6$
$x=-6$을 $3x^2+bx-12=0$에 대입하면
$3\times(-6)^2+b\times(-6)-12=0$
$6b=96 \qquad \therefore b=16$
$\therefore a+b=-6+16=10$

12 $x^2-5x+6=0$, $(x-2)(x-3)=0$
$\therefore x=2$ 또는 $x=3$
$2x^2-x-15=0$, $(2x+5)(x-3)=0$
$\therefore x=-\frac{5}{2}$ 또는 $x=3$
따라서 공통인 근은 $x=3$이므로
$p=2,\ q=-\frac{5}{2}$
$\therefore pq=2\times\left(-\frac{5}{2}\right)=-5$

13 $x=\frac{-(-1)\pm\sqrt{(-1)^2-4\times5\times(-2)}}{2\times5}=\frac{1\pm\sqrt{41}}{10}$

14 $x=\frac{-3\pm\sqrt{3^2-4\times3\times(-1)}}{2\times3}=\frac{-3\pm\sqrt{21}}{6}$

15 $x=\frac{-(-7)\pm\sqrt{(-7)^2-4\times4\times1}}{2\times4}=\frac{7\pm\sqrt{33}}{8}$

16 $x=\frac{-(-5)\pm\sqrt{(-5)^2-4\times3\times(-3)}}{2\times3}=\frac{5\pm\sqrt{61}}{6}$

17 $x=\frac{-(-1)\pm\sqrt{(-1)^2-4\times1\times a}}{2\times1}=\frac{1\pm\sqrt{1-4a}}{2}$
이때 $1-4a=17$이므로
$-4a=16 \qquad \therefore a=-4$

18 $x=\frac{-(-3)\pm\sqrt{(-3)^2-4\times1\times a}}{2\times1}=\frac{3\pm\sqrt{9-4a}}{2}$
이때 $9-4a=21$이므로
$-4a=12 \qquad \therefore a=-3$

19 $x=\frac{-1\pm\sqrt{1^2-4\times2\times a}}{2\times2}=\frac{-1\pm\sqrt{1-8a}}{4}$
이때 $1-8a=41$이므로
$-8a=40 \qquad \therefore a=-5$

ACT 08 030~031쪽

08 $x=\frac{-5\pm\sqrt{5^2-4\times1\times3}}{2\times1}=\frac{-5\pm\sqrt{13}}{2}$

09 $x=\frac{-1\pm\sqrt{1^2-4\times1\times(-3)}}{2\times1}=\frac{-1\pm\sqrt{13}}{2}$

10 $x=\frac{-(-7)\pm\sqrt{(-7)^2-4\times1\times11}}{2\times1}=\frac{7\pm\sqrt{5}}{2}$

11 $x=\frac{-(-5)\pm\sqrt{(-5)^2-4\times1\times(-2)}}{2\times1}=\frac{5\pm\sqrt{33}}{2}$

12 $x=\frac{-5\pm\sqrt{5^2-4\times2\times1}}{2\times2}=\frac{-5\pm\sqrt{17}}{4}$

ACT 09 032~033쪽

08 $x=-(-1)\pm\sqrt{(-1)^2-1\times(-1)}=1\pm\sqrt{2}$

09 $x=-(-2)\pm\sqrt{(-2)^2-1\times2}=2\pm\sqrt{2}$

10 $x=-4\pm\sqrt{4^2-1\times5}=-4\pm\sqrt{11}$

11 $x=-(-3)\pm\sqrt{(-3)^2-1\times(-3)}=3\pm\sqrt{12}$
$=3\pm2\sqrt{3}$

12 $x=\frac{-2\pm\sqrt{2^2-2\times(-3)}}{2}=\frac{-2\pm\sqrt{10}}{2}=-1\pm\frac{\sqrt{10}}{2}$

13 $x=\frac{-1\pm\sqrt{1^2-3\times(-3)}}{3}=\frac{-1\pm\sqrt{10}}{3}$

14 $x=\frac{-(-3)\pm\sqrt{(-3)^2-4\times1}}{4}=\frac{3\pm\sqrt{5}}{4}$

15 $x=\frac{-4\pm\sqrt{4^2-7\times(-2)}}{7}=\frac{-4\pm\sqrt{30}}{7}$

16 $x=\frac{-(-2)\pm\sqrt{(-2)^2-6\times(-3)}}{6}=\frac{2\pm\sqrt{22}}{6}$

17 $x=-(-1)\pm\sqrt{(-1)^2-1\times a}=1\pm\sqrt{1-a}$
이때 $1-a=6$이므로 $a=-5$

18 $x=-2\pm\sqrt{2^2-1\times a}=-2\pm\sqrt{4-a}$
이때 $4-a=3$이므로 $a=1$

19 $x=\frac{-3\pm\sqrt{3^2-2\times a}}{2}=\frac{-3\pm\sqrt{9-2a}}{2}$
이때 $9-2a=15$이므로
$-2a=6 \quad \therefore a=-3$

ACT 10 034~035쪽

02 $3(x-1)^2=3x+4$에서 $3(x^2-2x+1)=3x+4$
$3x^2-6x+3=3x+4$, $3x^2-9x-1=0$
$\therefore x=\frac{-(-9)\pm\sqrt{(-9)^2-4\times3\times(-1)}}{2\times3}=\frac{9\pm\sqrt{93}}{6}$

03 $x(x-4)=(2x+1)(x+2)$에서 $x^2-4x=2x^2+5x+2$
$x^2+9x+2=0$
$\therefore x=\frac{-9\pm\sqrt{(-9)^2-4\times1\times2}}{2\times1}=\frac{-9\pm\sqrt{73}}{2}$

04 $(x+2)(x+4)=6$에서 $x^2+6x+8=6$
$x^2+6x+2=0$
$\therefore x=-3\pm\sqrt{3^2-1\times2}=-3\pm\sqrt{7}$

05 $(x+6)(x-3)=x-12$에서 $x^2+3x-18=x-12$
$x^2+2x-6=0$
$\therefore x=-1\pm\sqrt{1^2-1\times(-6)}=-1\pm\sqrt{7}$

06 $(x-2)^2=3x+1$에서 $x^2-4x+4=3x+1$
$x^2-7x+3=0$
$\therefore x=\frac{-(-7)\pm\sqrt{(-7)^2-4\times1\times3}}{2\times1}=\frac{7\pm\sqrt{37}}{2}$

07 $(x+1)^2=3(x+5)$에서 $x^2+2x+1=3x+15$
$x^2-x-14=0$
$\therefore x=\frac{-(-1)\pm\sqrt{(-1)^2-4\times1\times(-14)}}{2\times1}$
$=\frac{1\pm\sqrt{57}}{2}$

08 $x(x+3)=2x(x+1)-1$에서 $x^2+3x=2x^2+2x-1$
$x^2-x-1=0$
$\therefore x=\frac{-(-1)\pm\sqrt{(-1)^2-4\times1\times(-1)}}{2\times1}=\frac{1\pm\sqrt{5}}{2}$

10 양변에 12를 곱하면 $4x^2+3x-3=0$
$\therefore x=\frac{-3\pm\sqrt{3^2-4\times4\times(-3)}}{2\times4}=\frac{-3\pm\sqrt{57}}{8}$

11 양변에 5를 곱하면 $5x^2-5x+1=0$
$\therefore x=\frac{-(-5)\pm\sqrt{(-5)^2-4\times5\times1}}{2\times5}=\frac{5\pm\sqrt{5}}{10}$

12 양변에 4를 곱하면 $4x^2-2x=1$
$4x^2-2x-1=0$
$\therefore x=\frac{-(-1)\pm\sqrt{(-1)^2-4\times(-1)}}{4}=\frac{1\pm\sqrt{5}}{4}$

13 양변에 4를 곱하면 $x^2+x-2=0$
$(x-1)(x+2)=0$
$\therefore x=1$ 또는 $x=-2$

14 양변에 6을 곱하면 $3x^2-4x=1$
$3x^2-4x-1=0$
$\therefore x=\frac{-(-2)\pm\sqrt{(-2)^2-3\times(-1)}}{3}=\frac{2\pm\sqrt{7}}{3}$

15 양변에 6을 곱하면 $3x^2+x-2=0$
$(3x-2)(x+1)=0$
$\therefore x=\frac{2}{3}$ 또는 $x=-1$

16 양변에 10을 곱하면 $2x^2+x-15=0$
$(2x-5)(x+3)=0$
$\therefore x=\frac{5}{2}$ 또는 $x=-3$

17 양변에 8을 곱하면 $6x^2-8x-1=0$
$\therefore x=\frac{-(-4)\pm\sqrt{(-4)^2-6\times(-1)}}{6}=\frac{4\pm\sqrt{22}}{6}$

ACT 11 036~037쪽

02 양변에 10을 곱하면 $2x^2+8x+7=0$

$\therefore x=\frac{-4\pm\sqrt{4^2-2\times7}}{2}=\frac{-4\pm\sqrt{2}}{2}=-2\pm\frac{\sqrt{2}}{2}$

03 양변에 100을 곱하면 $10x^2=4x+3$

$10x^2-4x-3=0$

$\therefore x=\frac{-(-2)\pm\sqrt{(-2)^2-10\times(-3)}}{10}=\frac{2\pm\sqrt{34}}{10}$

04 양변에 100을 곱하면 $x^2+x-10=0$

$\therefore x=\frac{-1\pm\sqrt{1^2-4\times1\times(-10)}}{2\times1}=\frac{-1\pm\sqrt{41}}{2}$

05 양변에 10을 곱하면 $3x^2-10x+5=0$

$\therefore x=\frac{-(-5)\pm\sqrt{(-5)^2-3\times5}}{3}=\frac{5\pm\sqrt{10}}{3}$

06 양변에 100을 곱하면 $x^2-6x-12=0$

$\therefore x=-(-3)\pm\sqrt{(-3)^2-1\times(-12)}=3\pm\sqrt{21}$

07 양변에 100을 곱하면 $20x^2-50x=30x+11$

$20x^2-80x-11=0$

$\therefore x=\frac{-(-40)\pm\sqrt{(-40)^2-20\times(-11)}}{20}$

$=\frac{40\pm2\sqrt{455}}{20}=\frac{20\pm\sqrt{455}}{10}=2\pm\frac{\sqrt{455}}{10}$

08 양변에 10을 곱하면

$2x^2+2x-5=0$

$\therefore x=\frac{-1\pm\sqrt{1^2-2\times(-5)}}{2}=\frac{-1\pm\sqrt{11}}{2}$

10 $x+5=A$로 놓으면

$3A^2+7A-6=0$

$(A+3)(3A-2)=0$

$\therefore A=-3$ 또는 $A=\frac{2}{3}$

즉, $x+5=-3$ 또는 $x+5=\frac{2}{3}$

$\therefore x=-8$ 또는 $x=-\frac{13}{3}$

11 $2x-1=A$로 놓으면

$10A^2-3A-1=0$

$(2A-1)(5A+1)=0$

$\therefore A=\frac{1}{2}$ 또는 $A=-\frac{1}{5}$

즉, $2x-1=\frac{1}{2}$ 또는 $2x-1=-\frac{1}{5}$

$\therefore x=\frac{3}{4}$ 또는 $x=\frac{2}{5}$

12 $x-\frac{1}{2}=A$로 놓으면

$4A^2-4A+1=0$

$(2A-1)^2=0$

$\therefore A=\frac{1}{2}$

즉, $x-\frac{1}{2}=\frac{1}{2}$ $\quad\therefore x=1$

13 $x-2=A$로 놓으면

$A^2-6A+9=0$

$(A-3)^2=0$

$\therefore A=3$

즉, $x-2=3$ $\quad\therefore x=5$

14 $x+3=A$로 놓으면

$A^2-9A=-14$

$A^2-9A+14=0$

$(A-2)(A-7)=0$

$\therefore A=2$ 또는 $A=7$

즉, $x+3=2$ 또는 $x+3=7$

$\therefore x=-1$ 또는 $x=4$

15 $2x+3=A$로 놓으면

$3A^2-2A-1=0$

$(3A+1)(A-1)=0$

$\therefore A=-\frac{1}{3}$ 또는 $A=1$

즉, $2x+3=-\frac{1}{3}$ 또는 $2x+3=1$

$\therefore x=-\frac{5}{3}$ 또는 $x=-1$

16 $x-\frac{2}{3}=A$로 놓으면

$9A^2+24A+16=0$

$(3A+4)^2=0$

$\therefore A=-\frac{4}{3}$

즉, $x-\frac{2}{3}=-\frac{4}{3}$ $\quad\therefore x=-\frac{2}{3}$

17 $x-4=A$로 놓으면

$8A^2-6A-27=0$

$(2A+3)(4A-9)=0$

$\therefore A=-\frac{3}{2}$ 또는 $A=\frac{9}{4}$

즉, $x-4=-\frac{3}{2}$ 또는 $x-4=\frac{9}{4}$

$\therefore x=\frac{5}{2}$ 또는 $x=\frac{25}{4}$

따라서 두 근의 합은

$\frac{5}{2}+\frac{25}{4}=\frac{35}{4}$

ACT 12

038~039쪽

01 $a=1$, $b=6$, $c=9$이므로
$b^2-4ac=6^2-4\times1\times9=0$
따라서 근은 1개이다.

02 $a=1$, $b=1$, $c=1$이므로
$b^2-4ac=1^2-4\times1\times1=-3$
따라서 근은 없다.

03 $a=1$, $b=-2$, $c=-3$이므로
$b^2-4ac=(-2)^2-4\times1\times(-3)=16$
따라서 근은 2개이다.

04 $a=3$, $b=1$, $c=2$이므로
$b^2-4ac=1^2-4\times3\times2=-23$
따라서 근은 없다.

05 $a=5$, $b=-8$, $c=-2$이므로
$b^2-4ac=(-8)^2-4\times5\times(-2)=104$
따라서 근은 2개이다.

06 $a=2$, $b=-3$, $c=5$이므로
$b^2-4ac=(-3)^2-4\times2\times5=-31$
따라서 근은 없다.

07 $a=6$, $b=5$, $c=-2$이므로
$b^2-4ac=5^2-4\times6\times(-2)=73$
따라서 근은 2개이다.

08 $a=16$, $b=-8$, $c=1$이므로
$b^2-4ac=(-8)^2-4\times16\times1=0$
따라서 근은 1개이다.

10 $(-2)^2-4\times1\times(-k)=4+4k>0$
$\therefore k>-1$

11 $3^2-4\times1\times k=9-4k>0$
$\therefore k<\frac{9}{4}$

12 $(-4)^2-4\times2\times(-k)=16+8k>0$
$\therefore k>-2$

13 $1^2-4\times3\times k=1-12k>0$
$\therefore k<\frac{1}{12}$

15 $10^2-4\times1\times(-k)=100+4k=0$
$\therefore k=-25$

16 $(-8)^2-4\times1\times k=64-4k=0$
$\therefore k=16$

17 $(-6)^2-4\times9\times k=36-36k=0$
$\therefore k=1$

18 $(-14)^2-4\times1\times(k+1)=196-4k-4=0$
$\therefore k=48$

20 $2^2-4\times1\times k=4-4k<0$
$\therefore k>1$

21 $8^2-4\times1\times(-k)=64+4k<0$
$\therefore k<-16$

22 $3^2-4\times2\times k=9-8k<0$
$\therefore k>\frac{9}{8}$

23 $3^2-4\times1\times k=9-4k\geq0$
$\therefore k\leq\frac{9}{4}$
따라서 구하는 자연수 k는 1, 2의 2개이다.

ACT 13

040~041쪽

02 $(x-1)(x+2)=0$
$\therefore x^2+x-2=0$

03 $(x+2)(x-3)=0$
$\therefore x^2-x-6=0$

04 $(x+1)(x+5)=0$
$\therefore x^2+6x+5=0$

06 $-(x+3)(x-4)=0$
$-(x^2-x-12)=0$
$\therefore -x^2+x+12=0$

07 $3(x+2)(x+3)=0$
$3(x^2+5x+6)=0$
$\therefore 3x^2+15x+18=0$

08 $4(x-2)(x-6)=0$
$4(x^2-8x+12)=0$
$\therefore 4x^2-32x+48=0$

10 $(x-1)^2=0$
$\therefore x^2-2x+1=0$

11 $(x-3)^2=0$
$\therefore x^2-6x+9=0$

12 $-(x-4)^2=0$, $-(x^2-8x+16)=0$
$\therefore -x^2+8x-16=0$

13 $3(x+2)^2=0$, $3(x^2+4x+4)=0$
$\therefore 3x^2+12x+12=0$

14 $(x-2)(x-5)=0$, $x^2-7x+10=0$
$\therefore a=-7$, $b=10$

15 $2(x-1)\left(x-\frac{3}{2}\right)=0$, $2\left(x^2-\frac{5}{2}x+\frac{3}{2}\right)=0$
$2x^2-5x+3=0$
$\therefore a=-5$, $b=3$

16 $4\left(x-\frac{1}{2}\right)^2=0$, $4\left(x^2-x+\frac{1}{4}\right)=0$
$4x^2-4x+1=0$
$\therefore a=-4$, $b=1$

17 $-(x+1)(x-2)=0$, $-(x^2-x-2)=0$
$-x^2+x+2=0$
따라서 $a=1$, $b=2$이므로
$ab=1\times2=2$

ACT+ 14 042~043쪽

01 $(-4)^2-4(3k-2)=0$이므로
$16-12k+8=0$
$-12k=-24$ $\quad\therefore k=2$

02 $(k+1)^2-4\times3\times3=0$이므로
$k^2+2k-35=0$
$(k+7)(k-5)=0$
$\therefore k=-7$ 또는 $k=5$
따라서 모든 상수 k의 값의 합은
$-7+5=-2$

03 (1) $(-6)^2-4(2k-3)=0$
$36-8k+12=0$
$-8k=-48$ $\quad\therefore k=6$
(2) $x^2-6x+2\times6-3=0$
$x^2-6x+9=0$, $(x-3)^2=0$
$\therefore x=3$ (중근)
(3) $a=3$이므로 $k+a=6+3=9$

04 (2) $\frac{1}{2-\sqrt{3}}=2+\sqrt{3}$이므로 다른 한 근은 $2-\sqrt{3}$이다.

05 다른 한 근은 $-1+\sqrt{7}$이므로
두 근의 합은 $(-1-\sqrt{7})+(-1+\sqrt{7})=-2$
두 근의 곱은 $(-1-\sqrt{7})(-1+\sqrt{7})=1-7=-6$

06 다른 한 근은 $3+\sqrt{5}$이므로
$\{x-(3-\sqrt{5})\}\{x-(3+\sqrt{5})\}=0$
$x^2-(3-\sqrt{5}+3+\sqrt{5})x+(3-\sqrt{5})(3+\sqrt{5})=0$
$\therefore x^2-6x+4=0$
이것이 $x^2+kx+4=0$과 같으므로
$k=-6$

다른 풀이

$x=3-\sqrt{5}$를 이차방정식 $x^2+kx=-4$에 대입하면
$(3-\sqrt{5})^2+k(3-\sqrt{5})=-4$
$14-6\sqrt{5}+3k-\sqrt{5}k=-4$
$(14+3k)-(6+k)\sqrt{5}=-4$
이때 k는 유리수이므로 위의 등식이 성립하려면
$14+3k=-4$이고 $6+k=0$이어야 한다.
$\therefore k=-6$

07 두 근을 α, $\alpha+1$로 놓으면
$(x-\alpha)\{x-(\alpha+1)\}=0$
$x^2-(\alpha+\alpha+1)x+\alpha(\alpha+1)=0$
$x^2-(2\alpha+1)x+\alpha(\alpha+1)=0$
이것이 $x^2+3x+m=0$과 같으므로
$-(2\alpha+1)=3$, $-2\alpha=4$
$\therefore \alpha=-2$
$\therefore m=\alpha(\alpha+1)=-2\times(-2+1)=2$

08 두 근을 α, $\alpha-1$로 놓으면
$(x-\alpha)\{x-(\alpha-1)\}=0$
$x^2-(\alpha+\alpha-1)x+\alpha(\alpha-1)=0$
$x^2-(2\alpha-1)x+\alpha(\alpha-1)=0$
이것이 $x^2+mx+6=0$과 같으므로
$\alpha(\alpha-1)=6$
$\therefore \alpha=3(\because \alpha>0)$
$\therefore m=-(2\alpha-1)=-(2\times3-1)=-5$

09 두 근을 α, 4α로 놓으면
$(x-\alpha)(x-4\alpha)=0$
$x^2-5\alpha x+4\alpha^2=0$
이것이 $x^2+mx+16=0$과 같으므로
$4\alpha^2=16$, $\alpha^2=4$
$\therefore \alpha=2(\because \alpha>0)$
$\therefore m=-5\alpha=-5\times2=-10$

10 두 근을 2α, 5α로 놓으면
$(x-2\alpha)(x-5\alpha)=0$
$x^2-7\alpha x+10\alpha^2=0$
이것이 $x^2+14x-8k=0$과 같으므로
$-7\alpha=14$
$\therefore \alpha=-2$
$-8k=10\alpha^2=40$
$\therefore k=-5$

11 (1) 2와 -5를 두 근으로 하고 x^2의 계수가 1인 이차방정식은
$(x-2)(x+5)=0$
$\therefore x^2+3x-10=0$
즉 성환이가 제대로 본 상수항은 -10이다.
(2) -1과 3을 두 근으로 하고 x^2의 계수가 1인 이차방정식은
$(x+1)(x-3)=0$
$\therefore x^2-2x-3=0$
즉 수혜가 제대로 본 x의 계수는 -2이다.
(3) $a=-2$, $b=-10$이므로
$a-b=-2-(-10)=8$

12 (1) 3과 -4를 두 근으로 하고 x^2의 계수가 1인 이차방정식은
$(x-3)(x+4)=0$
$\therefore x^2+x-12=0$
즉 정우가 제대로 본 상수항은 -12이다.
(2) -5와 9를 두 근으로 하고 x^2의 계수가 1인 이차방정식은
$(x+5)(x-9)=0$
$\therefore x^2-4x-45=0$
즉 민영이가 제대로 본 x의 계수는 -4이다.
(3) 처음 이차방정식은 $x^2-4x-12=0$이므로
$(x-6)(x+2)=0$
$\therefore x=6$ 또는 $x=-2$

ACT+ 15 044~045쪽

01 (2) $\dfrac{n(n-3)}{2}=65$, $n(n-3)=130$
$n^2-3n-130=0$
$(n-13)(n+10)=0$
$\therefore n=13$ 또는 $n=-10$
(3) n은 $n>3$인 자연수이므로 $n=13$
따라서 구하는 다각형은 십삼각형이다.

02 (2) $(x+4)^2=49$에서 $x^2+8x+16=49$
$x^2+8x-33=0$
$(x+11)(x-3)=0$
$\therefore x=-11$ 또는 $x=3$
(3) x는 자연수이므로 $x=3$

03 (3) $x(x+5)=36$에서 $x^2+5x-36=0$
$(x+9)(x-4)=0$
$\therefore x=-9$ 또는 $x=4$
(4) x는 자연수이므로 $x=4$
따라서 구하는 두 자연수는 4, 9이다.

04 (3) $x(x+1)=30$에서 $x^2+x-30=0$
$(x+6)(x-5)=0$
$\therefore x=-6$ 또는 $x=5$
이때 x는 자연수이므로 $x=5$
따라서 구하는 두 자연수는 5, 6이다.

05 (3) $x(x+2)=224$에서 $x^2+2x-224=0$
$(x+16)(x-14)=0$
$\therefore x=-16$ 또는 $x=14$
이때 x는 자연수이므로 $x=14$
따라서 구하는 두 짝수는 14, 16이다.

06 (3) $(x-1)^2+x^2+(x+1)^2=149$에서
$x^2-2x+1+x^2+x^2+2x+1=149$
$3x^2-147=0$
$x^2-49=0$
$(x+7)(x-7)=0$
$\therefore x=-7$ 또는 $x=7$
(4) x는 $x>1$인 자연수이므로 $x=7$
따라서 구하는 세 자연수는 6, 7, 8이다.

ACT+ 16 046~047쪽

01 (3) $x(x-6)=40$에서 $x^2-6x-40=0$
$(x-10)(x+4)=0$
$\therefore x=10$ 또는 $x=-4$
x는 $x>6$인 자연수이므로 $x=10$
따라서 구하는 학생 수는 10명이다.

02 (1) 한 상자에 담은 귤의 수는 $(x+3)$개이므로
$x(x+3)=28$
(2) $x(x+3)=28$에서 $x^2+3x-28=0$
$(x+7)(x-4)=0$
$\therefore x=-7$ 또는 $x=4$
x는 자연수이므로 $x=4$
따라서 상자의 수는 4개이다.

03 (1) 동생의 나이는 $(x-3)$살이므로
$x^2+(x-3)^2=117$
(2) $x^2+(x-3)^2=117$에서 $x^2+x^2-6x+9=117$
$2x^2-6x-108=0$
$x^2-3x-54=0$
$(x-9)(x+6)=0$
$\therefore x=9$ 또는 $x=-6$
x는 $x>3$인 자연수이므로 $x=9$
따라서 수정이의 나이는 9살, 동생의 나이는 6살이다.

04 (1) 펼쳐진 두 면 중 오른쪽 면의 쪽수는 $(x+1)$쪽이므로
$x(x+1)=156$
(2) $x(x+1)=156$에서 $x^2+x-156=0$
$(x+13)(x-12)=0$
$\therefore x=-13$ 또는 $x=12$
x는 자연수이므로 $x=12$
따라서 펼쳐진 두 면의 쪽수는 12쪽, 13쪽이다.

05 (2) $20x-5x^2=15$에서 $-5x^2+20x-15=0$
$x^2-4x+3=0$
$(x-1)(x-3)=0$
$\therefore x=1$ 또는 $x=3$
따라서 물체의 높이가 15 m가 되는 것은 물체를 쏘아 올린 지 1초 후 또는 3초 후이다.

06 (1) 물체가 지면에 떨어질 때의 높이는 0 m이므로
$20x-5x^2=0$
(2) $20x-5x^2=0$에서 $x^2-4x=0$
$x(x-4)=0$
$\therefore x=0$ 또는 $x=4$
$x>0$이므로 $x=4$
따라서 물체가 다시 지면에 떨어지는 것은 물체를 쏘아 올린 지 4초 후이다.

07 (2) $80+30x-5x^2=120$에서 $-5x^2+30x-40=0$
$x^2-6x+8=0$
$(x-2)(x-4)=0$
$\therefore x=2$ 또는 $x=4$
따라서 공의 높이가 120 m가 되는 것은 공을 던진 지 2초 후 또는 4초 후이다.

08 (1) 물체가 지면에 떨어질 때의 높이는 0 m이므로
$80+30x-5x^2=0$
(2) $80+30x-5x^2=0$에서 $x^2-6x-16=0$
$(x-8)(x+2)=0$
$\therefore x=8$ 또는 $x=-2$
$x>0$이므로 $x=8$
따라서 공이 다시 지면에 떨어지는 것은 공을 던진 지 8초 후이다.

ACT+ 17 048~049쪽

01 (3) $x(10-x)=24$에서 $-x^2+10x=24$
$x^2-10x+24=0$, $(x-4)(x-6)=0$
$\therefore x=4$ 또는 $x=6$
(4) 가로의 길이가 세로의 길이보다 더 길어야 하므로 $x=6$
따라서 직사각형의 가로의 길이는 6 cm이다.

02 (2) $x^2+(x+2)^2=(x+4)^2$에서
$x^2+x^2+4x+4=x^2+8x+16$
$x^2-4x-12=0$
$(x-6)(x+2)=0$
$\therefore x=6$ 또는 $x=-2$
이때 x는 양수이므로 $x=6$

03 (2) $\frac{1}{2}\times(x+5)\times x=42$에서
$x^2+5x=84$, $x^2+5x-84=0$
$(x-7)(x+12)=0$
$\therefore x=7$ 또는 $x=-12$
(3) x는 양수이므로 $x=7$
따라서 사다리꼴의 높이는 7 cm이다.

04 (3) $(x+2)(x-3)=50$에서 $x^2-x-6=50$
$x^2-x-56=0$, $(x-8)(x+7)=0$
$\therefore x=8$ 또는 $x=-7$
(4) x는 양수이므로 $x=8$
따라서 처음 정사각형 모양의 땅의 한 변의 길이는 8 m이다.

05 (3) $\pi\times(x+1)^2=2\pi x^2$에서 $(x+1)^2=2x^2$
$x^2+2x+1=2x^2$, $x^2-2x-1=0$
$\therefore x=1\pm\sqrt{2}$
(4) x는 양수이므로 $x=1+\sqrt{2}$
따라서 처음 원의 반지름의 길이는 $(1+\sqrt{2})$ cm이다.

ACT+ 18 050~051쪽

01 (3) $(60-x)(20-x)=624$에서 $1200-80x+x^2=624$
$x^2-80x+576=0$, $(x-72)(x-8)=0$
$\therefore x=72$ 또는 $x=8$
(4) 길의 폭은 20 m보다 짧아야 하므로 $x=8$
따라서 길의 폭은 8 m이다.

02 (1) 길을 제외한 나머지 부분의 넓이는 가로의 길이가 $(24-x)$ m, 세로의 길이가 $(16-x)$ m인 직사각형의 넓이와 같으므로
$(24-x)(16-x)=240$
(2) $(24-x)(16-x)=240$에서 $384-40x+x^2=240$
$x^2-40x+144=0$, $(x-36)(x-4)=0$
$\therefore x=36$ 또는 $x=4$
길의 폭은 16 m보다 짧아야 하므로 $x=4$
따라서 길의 폭은 4 m이다.

03 $(10-x)^2=64$, $10-x=\pm 8$
$\therefore x=2$ 또는 $x=18$
길의 폭은 10 m보다 짧아야 하므로 $x=2$

04 (3) $x^2+(14-x)^2=116$에서
$x^2+196-28x+x^2=116$
$2x^2-28x+80=0$, $x^2-14x+40=0$
$(x-10)(x-4)=0$
$\therefore x=10$ 또는 $x=4$
(4) 큰 정사각형의 한 변의 길이는 10 cm이다.

05 (3) $(x-6)^2\times3=48$에서
$(x-6)^2=16$, $x-6=\pm4$
$\therefore x=10$ 또는 $x=2$
(4) 정사각형의 모양의 종이의 한 변의 길이는 3 cm보다 길어야 하므로 $x=10$
따라서 처음 정사각형 모양의 종이의 한 변의 길이는 10 cm이다.

TEST 05 052~053쪽

01 ② $x^2-8x+15=0$ ➡ 이차방정식이다.
③ $-x^2-2=0$ ➡ 이차방정식이다.
따라서 이차방정식이 아닌 것은 ⑤이다.

02 $a+2\neq0$ $\therefore a\neq-2$

03 $x=-2$일 때, $(-2)^2-(-2)-6=0$
$x=-1$일 때, $(-1)^2-(-1)-6=-4$
$x=0$일 때, $0^2-0-6=-6$
$x=1$일 때, $1^2-1-6=-6$
$x=2$일 때, $2^2-2-6=-4$
따라서 이차방정식의 해는 $x=-2$이다.

04 $x=1$을 $ax^2-5x+3=0$에 대입하면
$a\times1^2-5\times1+3=0$
$a-5+3=0$ $\therefore a=2$

06 $x^2+22x+121=0$, $(x+11)^2=0$
$\therefore x=-11$

07 $2x^2=7x-6$에서 $2x^2-7x+6=0$
$(2x-3)(x-2)=0$
$\therefore x=\frac{3}{2}$ 또는 $x=2$

08 $a-1=\left(\frac{10}{2}\right)^2=25$ $\therefore a=26$

09 $\left(\frac{-a}{2}\right)^2=100$, $a^2=400$
$\therefore a=20$ ($\because a>0$)

10 $4x^2=20$에서 $x^2=5$
$\therefore x=\pm\sqrt{5}$

11 $x=-3\pm\sqrt{3^2-1\times4}=-3\pm\sqrt{5}$

12 양변에 10을 곱하면 $10x^2-3x-2=x^2$
$9x^2-3x-2=0$, $(3x+1)(3x-2)=0$
$\therefore x=-\frac{1}{3}$ 또는 $x=\frac{2}{3}$

13 $x-4=A$로 놓으면
$A^2+6A+5=0$, $(A+5)(A+1)=0$
$\therefore A=-5$ 또는 $A=-1$
즉, $x-4=-5$ 또는 $x-4=-1$
$\therefore x=-1$ 또는 $x=3$

14 $5^2-4\times1\times(-2)=33>0$
따라서 근은 2개이다.

15 $4^2-4\times1\times11=-28<0$
따라서 근은 없다.

16 $3(x+2)(x-2)=0$, $3(x^2-4)=0$
$\therefore 3x^2-12=0$

17 $(-6)^2-4\times1\times(k-1)=36-4k+4=0$
$\therefore k=10$

18 두 근을 α, $\alpha+5$로 놓으면
$(x-\alpha)\{x-(\alpha+5)\}=0$
$x^2-(\alpha+\alpha+5)x+\alpha(\alpha+5)=0$
$x^2-(2\alpha+5)x+\alpha(\alpha+5)=0$
이것이 $x^2-7x+k=0$과 같으므로
$2\alpha+5=7$, $2\alpha=2$
$\therefore \alpha=1$
$\therefore k=\alpha(\alpha+5)=1\times(1+5)=6$

19 $\frac{n(n-3)}{2}=9$, $n(n-3)=18$
$n^2-3n-18=0$, $(n-6)(n+3)=0$
$\therefore n=6$ 또는 $n=-3$
이때 n은 $n>3$인 자연수이므로 $n=6$
따라서 구하는 다각형은 육각형이다.

20 가로의 길이를 x cm라고 하면 세로의 길이는 $(24-x)$ cm이므로
$x(24-x)=135$, $-x^2+24x=135$
$x^2-24x+135=0$, $(x-9)(x-15)=0$
$\therefore x=9$ 또는 $x=15$
가로의 길이가 세로의 길이보다 더 길어야 하므로 $x=15$
따라서 직사각형의 가로의 길이는 15 cm이다.

Chapter Ⅵ 이차함수의 그래프 (1)

058~059쪽

04 $5x-y+3=0$에서 $y=5x+3$이므로 일차함수이다.

05 $xy=8$에서 $y=\dfrac{8}{x}$이므로 일차함수가 아니다.

13 $y=x+3$의 그래프를 y축의 방향으로 -3만큼 평행이동한 그래프가 나타내는 일차함수의 식은
$y=x+3-3$ $\quad\therefore y=x$

14 $y=-3x+5$의 그래프를 y축의 방향으로 -7만큼 평행이동한 그래프가 나타내는 일차함수의 식은
$y=-3x+5-7$ $\quad\therefore y=-3x-2$

15 $y=0$일 때, $0=x+7$ $\quad\therefore x=-7$
$x=0$일 때, $y=0+7$ $\quad\therefore y=7$
따라서 x절편은 -7, y절편은 7이고, 기울기는 1이다.

16 $y=0$일 때, $0=-x+3$ $\quad\therefore x=3$
$x=0$일 때, $y=-1\times0+3$ $\quad\therefore y=3$
따라서 x절편은 3, y절편은 3이고, 기울기는 -1이다.

17 $y=0$일 때, $0=-5x+5$ $\quad\therefore x=1$
$x=0$일 때, $y=-5\times0+5$ $\quad\therefore y=5$
따라서 x절편은 1, y절편은 5이고, 기울기는 -5이다.

18 $y=0$일 때, $0=\dfrac{1}{2}x+4$ $\quad\therefore x=-8$
$x=0$일 때, $y=\dfrac{1}{2}\times0+4$ $\quad\therefore y=4$
따라서 x절편은 -8, y절편은 4이고, 기울기는 $\dfrac{1}{2}$이다.

060~061쪽

03 $y=x^2-(3-x)^2=x^2-(9-6x+x^2)=6x-9$이므로 일차함수이다.

04 $y=-x(x+6)=-x^2-6x$이므로 이차함수이다.

08 $y=(6-x)^2=x^2-12x+36$이므로 이차함수이다.

10 $f(1)=2\times1^2-7=2-7=-5$

11 $f(-1)=(-1)^2+3\times(-1)-2=1-3-2=-4$

12 $f(2)=\dfrac{1}{2}\times2^2-5\times2=2-10=-8$

13 $f(-1)=-\dfrac{1}{4}\times(-1)^2-2\times(-1)+5$
$=-\dfrac{1}{4}+2+5=\dfrac{27}{4}$

14 $f(3)=-1\times3^2+9\times3-2=-9+27-2=16$
$\therefore 2f(3)=2\times16=32$

15 $f(0)=0^2+3\times0-8=-8$
$f(1)=1^2+3\times1-8=1+3-8=-4$
$\therefore f(0)+f(1)=-8+(-4)=-12$

17 $f(-1)=\dfrac{1}{2}\times(-1)^2+a\times(-1)+3=0$
$\dfrac{1}{2}-a+3=0$ $\quad\therefore a=\dfrac{7}{2}$

18 $f(-2)=a\times(-2)^2-(-2)+4=3$
$4a+2+4=3$ $\quad\therefore a=-\dfrac{3}{4}$

20 $y=(a-2)x^2+5ax+3$이 이차함수가 되려면 $a-2\neq0$이어야 한다.
$\therefore a\neq2$

21 $y=ax(x-2)+3x^2-1$에서
$y=ax^2-2ax+3x^2-1=(a+3)x^2-2ax-1$
이때 이차함수가 되려면 $a+3\neq0$이어야 한다.
$\therefore a\neq-3$

064~065쪽

01 $y=3x^2$의 그래프는 아래로 볼록하고 $y=x^2$의 그래프보다 폭이 좁으므로 ㉡이다.

02 $y=-\dfrac{2}{3}x^2$의 그래프는 위로 볼록하고 $y=-x^2$의 그래프보다 폭이 넓으므로 ㉢이다.

03 $y=\dfrac{3}{4}x^2$의 그래프는 아래로 볼록하고 $y=x^2$의 그래프보다 폭이 넓으므로 ㉠이다.

04 $y=-2x^2$의 그래프는 위로 볼록하고 $y=-x^2$의 그래프보다 폭이 좁으므로 ㉣이다.

07 $y=ax^2$의 그래프에서 $a<0$이면 위로 볼록한 그래프이다. 따라서 위로 볼록한 그래프는 ㉠, ㉡, ㉥이다.

08 x^2의 계수의 절댓값이 클수록 그래프의 폭이 좁아지므로 그래프의 폭이 가장 좁은 것은 ㉥이다.

09 x^2의 계수가 양수이면 $x<0$일 때, x의 값이 증가하면 y의 값은 감소하므로 구하는 이차함수의 그래프는 ㉢, ㉣, ㉤이다.

11 ㉠ $9\neq3\times1^2$

㉡ $1\neq3\times\left(\frac{1}{3}\right)^2$

㉢ $3\neq3\times0^2$

㉣ $12=3\times(-2)^2$

㉤ $3=3\times(-1)^2$

㉥ $\frac{3}{4}=3\times\left(-\frac{1}{2}\right)^2$

따라서 이차함수 $y=3x^2$의 그래프가 지나는 점은 ㉣, ㉤, ㉥이다.

12 ㉠ $4\neq\frac{5}{4}\times5^2$

㉡ $5\neq\frac{5}{4}\times4^2$

㉢ $5=\frac{5}{4}\times2^2$

㉣ $\frac{4}{5}\neq\frac{5}{4}\times1^2$

㉤ $-\frac{5}{4}\neq\frac{5}{4}\times(-1)^2$

㉥ $20=\frac{5}{4}\times(-4)^2$

따라서 이차함수 $y=\frac{5}{4}x^2$의 그래프가 지나는 점은 ㉢, ㉥이다.

14 $y=ax^2$에 $x=2$, $y=12$를 대입하면

$12=a\times2^2 \quad \therefore a=3$

15 $y=ax^2$에 $x=-\frac{1}{2}$, $y=1$을 대입하면

$1=a\times\left(-\frac{1}{2}\right)^2 \quad \therefore a=4$

16 $y=ax^2$에 $x=\frac{2}{5}$, $y=\frac{4}{5}$를 대입하면

$\frac{4}{5}=a\times\left(\frac{2}{5}\right)^2 \quad \therefore a=5$

17 $y=ax^2$에 $x=3$, $y=3$을 대입하면

$3=a\times3^2 \quad \therefore a=\frac{1}{3}$

18 $y=ax^2$에 $x=4$, $y=-12$를 대입하면

$-12=a\times4^2 \quad \therefore a=-\frac{3}{4}$

19 $y=ax^2$에 $x=2$, $y=6$을 대입하면

$6=a\times2^2 \quad \therefore a=\frac{3}{2}$

$y=\frac{3}{2}x^2$에 $x=-4$, $y=b$를 대입하면

$b=\frac{3}{2}\times(-4)^2=24$

20 $y=ax^2$에 $x=1$, $y=\frac{2}{3}$를 대입하면

$\frac{2}{3}=a\times1^2 \quad \therefore a=\frac{2}{3}$

$y=\frac{2}{3}x^2$에 $x=-3$, $y=b$를 대입하면

$b=\frac{2}{3}\times(-3)^2=6$

21 $y=ax^2$에 $x=\frac{1}{2}$, $y=-4$를 대입하면

$-4=a\times\left(\frac{1}{2}\right)^2 \quad \therefore a=-16$

$y=-16x^2$에 $x=\frac{1}{4}$, $y=b$를 대입하면

$b=-16\times\left(\frac{1}{4}\right)^2=-1$

ACT 23 068~069쪽

06 $y=\frac{1}{3}x^2+2$의 그래프는 $y=\frac{1}{3}x^2$의 그래프를 y축의 방향으로 2만큼 평행이동한 것이다.

07 $y=\frac{1}{3}x^2-2$의 그래프는 $y=\frac{1}{3}x^2$의 그래프를 y축의 방향을 -2만큼 평행이동한 것이다.

12 $y=-\frac{1}{2}x^2$의 그래프를 y축의 방향으로 -3만큼 평행이동한 그래프의 식은 $y=-\frac{1}{2}x^2-3$

$x=2$, $y=k$를 $y=-\frac{1}{2}x^2-3$에 대입하면

$k=\left(-\frac{1}{2}\right)\times2^2-3=-5$

13 $y=4x^2$의 그래프를 y축의 방향으로 k만큼 평행이동한 그래프의 식은 $y=4x^2+k$

$x=-1$, $y=2$를 $y=4x^2+k$에 대입하면

$2=4\times(-1)^2+k \quad \therefore k=-2$

14 $y=kx^2$의 그래프를 y축의 방향으로 -1만큼 평행이동한 그래프의 식은 $y=kx^2-1$

$x=\frac{1}{2}$, $y=3$을 $y=kx^2-1$에 대입하면

$3=k\times\left(\frac{1}{2}\right)^2-1 \quad \therefore k=16$

ACT 24 070~071쪽

06 $y=\frac{1}{4}(x-2)^2$의 그래프는 $y=\frac{1}{4}x^2$의 그래프를 x축의 방향으로 2만큼 평행이동한 것이다.

07 $y=\frac{1}{4}(x+2)^2$의 그래프는 $y=\frac{1}{4}x^2$의 그래프를 x축의 방향으로 -2만큼 평행이동한 것이다.

12 $y=\frac{3}{2}x^2$의 그래프를 x축의 방향으로 -2만큼 평행이동한 그래프의 식은 $y=\frac{3}{2}(x+2)^2$
$x=-4$, $y=k$를 $y=\frac{3}{2}(x+2)^2$에 대입하면
$k=\frac{3}{2}\times(-4+2)^2=6$

13 $y=-x^2$의 그래프를 x축의 방향으로 k만큼 평행이동한 그래프의 식은 $y=-(x-k)^2$
$x=3$, $y=-4$를 $y=-(x-k)^2$에 대입하면
$-4=-(3-k)^2$, $k^2-6k+9=4$
$k^2-6k+5=0$, $(k-1)(k-5)=0$
$\therefore k=1$ 또는 $k=5$

14 $y=kx^2$의 그래프를 x축의 방향으로 2만큼 평행이동한 그래프의 식은 $y=k(x-2)^2$
$x=-1$, $y=6$을 $y=k(x-2)^2$에 대입하면
$6=k(-1-2)^2$, $9k=6$ $\quad\therefore k=\frac{2}{3}$

ACT 25 072~073쪽

06 $y=\frac{1}{2}(x-1)^2+2$의 그래프는 $y=\frac{1}{2}x^2$의 그래프를 x축의 방향으로 1만큼, y축의 방향으로 2만큼 평행이동한 것이다.

07 $y=\frac{1}{2}(x+2)^2-1$의 그래프는 $y=\frac{1}{2}x^2$의 그래프를 x축의 방향으로 -2만큼, y축의 방향으로 -1만큼 평행이동한 것이다.

12 $y=\frac{2}{5}x^2$의 그래프를 x축의 방향으로 -7만큼, y축의 방향으로 2만큼 평행이동한 그래프의 식은
$y=\frac{2}{5}(x+7)^2+2$
$x=-2$, $y=k$를 $y=\frac{2}{5}(x+7)^2+2$에 대입하면
$k=\frac{2}{5}\times(-2+7)^2+2=12$

13 $y=-\frac{1}{3}x^2$의 그래프를 x축의 방향으로 k만큼, y축의 방향으로 -3만큼 평행이동한 그래프의 식은
$y=-\frac{1}{3}(x-k)^2-3$
$x=2$, $y=-6$을 $y=-\frac{1}{3}(x-k)^2-3$에 대입하면
$-6=-\frac{1}{3}(2-k)^2-3$, $k^2-4k+4=9$
$k^2-4k-5=0$, $(k+1)(k-5)=0$
$\therefore k=-1$ 또는 $k=5$

14 $y=kx^2$의 그래프를 x축의 방향으로 -5만큼, y축의 방향으로 3만큼 평행이동한 그래프의 식은
$y=k(x+5)^2+3$
$x=-3$, $y=9$를 $y=k(x+5)^2+3$에 대입하면
$9=k(-3+5)^2+3$, $4k=6$ $\quad\therefore k=\frac{3}{2}$

ACT 26 074~075쪽

09 x^2의 계수의 절댓값이 작을수록 그래프의 폭이 넓어지므로 x^2의 계수의 절댓값의 크기를 비교하면
$\left|-\frac{2}{3}\right|<\left|\frac{5}{6}\right|<|-1|<\left|-\frac{7}{4}\right|<|-2|<|3|$
따라서 그래프의 폭이 넓은 것부터 차례대로 쓰면
ㄷ, ㄱ, ㄴ, ㅂ, ㅁ, ㄹ이다.

13 ㄱ $y=\frac{5}{6}x^2$에 $x=3$, $y=-7$을 대입하면
$-7\neq\frac{5}{6}\times3^2$
ㄴ $y=-x^2+9$에 $x=3$, $y=-7$을 대입하면
$-7\neq-1\times3^2+9$
ㄷ $y=-\frac{2}{3}x^2+\frac{1}{2}$에 $x=3$, $y=-7$을 대입하면
$-7\neq-\frac{2}{3}\times3^2+\frac{1}{2}$
ㄹ $y=3(x-8)^2$에 $x=3$, $y=-7$을 대입하면
$-7\neq3\times(3-8)^2$
ㅁ $y=-2(x+7)^2-3$에 $x=3$, $y=-7$을 대입하면
$-7\neq-2(3+7)^2-3$
ㅂ $y=-\frac{7}{4}(x-1)^2$에 $x=3$, $y=-7$을 대입하면
$-7=-\frac{7}{4}\times(3-1)^2$
따라서 점 $(3, -7)$을 지나는 그래프는 ㅂ이다.

ACT 27 076~077쪽

06

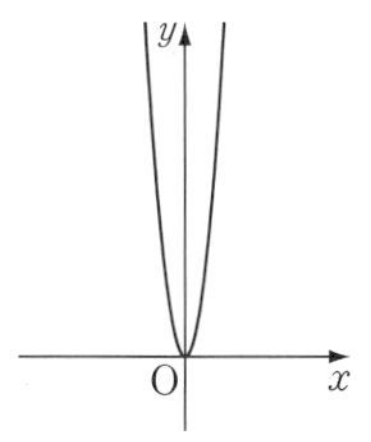

그래프는 위의 그림과 같으므로 제1사분면과 제2사분면을 지난다.

11 $y=5x^2+2$에 $x=1$, $y=7$을 대입하면
$7=5\times1^2+2$이므로 점 $(1, 7)$을 지난다.

12

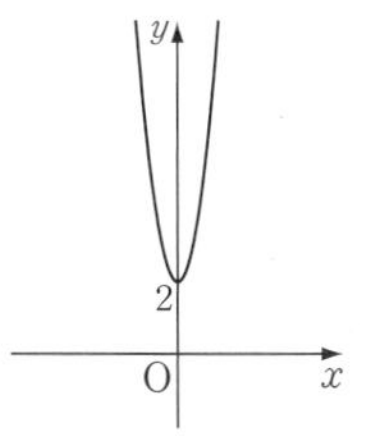

그래프는 위의 그림과 같으므로 제3사분면을 지나지 않는다.

17

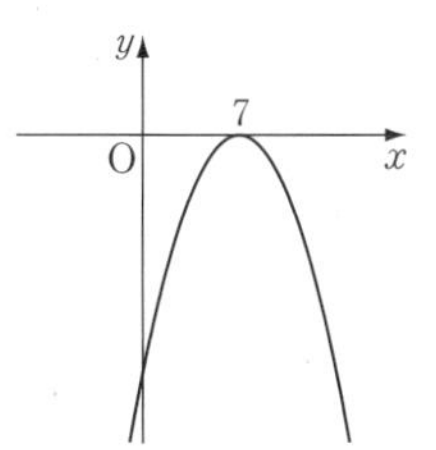

그래프는 위의 그림과 같으므로 제3사분면과 제4사분면을 지난다.

23

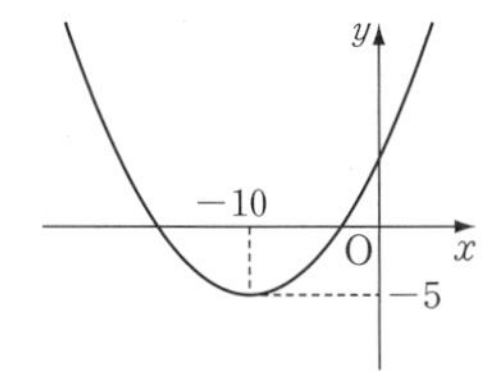

그래프는 위의 그림과 같으므로 제4사분면을 지나지 않는다.

24 $y=\frac{1}{10}(x+10)^2-5$에 $x=-2$, $y=\frac{7}{5}$을 대입하면
$\frac{7}{5}=\frac{1}{10}\times(-2+10)^2-5$이므로 점 $\left(-2, \frac{7}{5}\right)$을 지난다.

ACT+ 28 078~079쪽

01 이차함수의 식을 $y=ax^2$으로 놓으면
이 그래프가 점 $(3, -2)$를 지나므로
$-2=a\times3^2 \quad \therefore a=-\frac{2}{9}$
따라서 구하는 이차함수의 식은 $y=-\frac{2}{9}x^2$

02 $f(x)=ax^2$으로 놓으면
$y=f(x)$의 그래프가 점 $(-2, 1)$을 지나므로
$1=a\times(-2)^2 \quad \therefore a=\frac{1}{4}$
따라서 $f(x)=\frac{1}{4}x^2$이므로
$f(4)=\frac{1}{4}\times4^2=4$

03 이차함수의 식을 $y=ax^2$으로 놓으면
포물선이 점 $(2, 10)$을 지나므로
$10=a\times2^2 \quad \therefore a=\frac{5}{2}$
따라서 이차함수의 식은 $y=\frac{5}{2}x^2$이고 이 포물선이 점 $(4, k)$를 지나므로
$k=\frac{5}{2}\times4^2=40$

04 꼭짓점의 좌표가 $(0, -1)$이므로 이차함수의 식을
$y=ax^2-1$로 놓으면
이 그래프가 점 $(2, 5)$를 지나므로
$5=a\times2^2-1 \quad \therefore a=\frac{3}{2}$
따라서 구하는 이차함수의 식은 $y=\frac{3}{2}x^2-1$

05 꼭짓점의 좌표가 $(0, 3)$이므로 이차함수의 식을
$f(x)=ax^2+3$으로 놓으면
이 그래프가 점 $(-4, -7)$을 지나므로
$-7=a\times(-4)^2+3 \quad \therefore a=-\frac{5}{8}$
따라서 $f(x)=-\frac{5}{8}x^2+3$이므로
$f(-2)=-\frac{5}{8}\times(-2)^2+3=\frac{1}{2}$

06 꼭짓점의 좌표가 $(0, 1)$이므로 이차함수의 식을
$y=ax^2+1$로 놓으면
이 그래프가 점 $(-2, 3)$을 지나므로
$3=a\times(-2)^2+1 \quad \therefore a=\frac{1}{2}$
따라서 이차함수의 식은 $y=\frac{1}{2}x^2+1$이고 이 그래프가 점 $(-4, k)$를 지나므로
$k=\frac{1}{2}\times(-4)^2+1=9$

07 꼭짓점의 좌표가 $(-4, 0)$이므로 이차함수의 식을 $y=a(x+4)^2$으로 놓으면
이 그래프가 점 $(0, 3)$을 지나므로
$3=16a \quad \therefore a=\frac{3}{16}$
따라서 구하는 이차함수의 식은 $y=\frac{3}{16}(x+4)^2$

08 이차함수 $y=\frac{2}{3}x^2$의 그래프와 모양이 같고, 직선 $x=6$을 축으로 하는 포물선을 그래프로 하는 이차함수의 식은
$y=\frac{2}{3}(x-6)^2$이므로 $a=\frac{2}{3}$, $p=6$
$\therefore ap=\frac{2}{3}\times 6=4$

09 축의 방정식이 $x=-1$이고 x축에 접하므로 꼭짓점의 좌표는 $(-1, 0)$이다.
구하는 이차함수의 식을 $y=a(x+1)^2$으로 놓으면
이 그래프가 점 $(0, 4)$를 지나므로 $4=a$
따라서 구하는 이차함수의 식은 $y=4(x+1)^2$

11 구하는 이차함수의 식은 $y=-\frac{1}{3}x^2$의 그래프와 모양이 같고 꼭짓점의 좌표가 $(3, 2)$인 포물선이므로
$y=-\frac{1}{3}(x-3)^2+2$이다.

12 꼭짓점의 좌표가 $(3, -3)$이므로 이차함수의 식을
$y=a(x-3)^2-3$으로 놓으면
이 그래프가 점 $(2, -6)$을 지나므로
$-6=a\times(2-3)^2-3 \quad \therefore a=-3$
$\therefore y=-3(x-3)^2-3$
$x=0$을 $y=-3(x-3)^2-3$에 대입하면
$y=-3\times 9-3=-30$
따라서 y축과 만나는 점의 좌표는 $(0, -30)$이다.

ACT+ 29 080~081쪽

01 그래프가 아래로 볼록하므로 $a>0$
꼭짓점이 제3사분면 위에 있으므로 $p<0$, $q<0$

02 그래프가 위로 볼록하므로 $a<0$
꼭짓점이 제1사분면 위에 있으므로 $p>0$, $q>0$

03 그래프가 아래로 볼록하므로 $a>0$
꼭짓점이 제2사분면 위에 있으므로 $p<0$, $q>0$

04 그래프가 위로 볼록하므로 $a<0$
꼭짓점의 x좌표가 0보다 작으므로 $p<0$

05 ① 그래프가 아래로 볼록하므로 $a>0$
② 꼭짓점의 y좌표가 0보다 작으므로 $q<0$
③ $aq<0$
④ 음수일 수도 있고 양수일 수도 있다.
⑤ (양수)$-$(음수)$=$(양수)
따라서 항상 옳은 것은 ⑤이다.

06 그래프가 아래로 볼록하므로 $a>0$
꼭짓점이 제4사분면 위에 있으므로 $p>0$, $q<0$
따라서 $y=p(x-q)^2+a$의 그래프는 다음 그림과 같으므로 제1사분면과 제2사분면을 지난다.

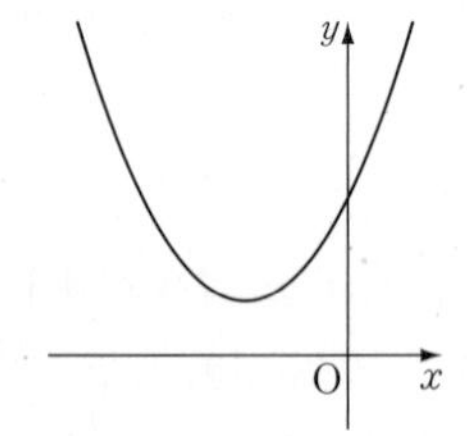

07 이차함수의 식 : $y=x^2+1-3=x^2-2$
꼭짓점의 좌표 : $(0, -2)$

08 이차함수의 식 : $y=2(x+3-4)^2=2(x-1)^2$
꼭짓점의 좌표 : $(1, 0)$

09 이차함수의 식 :
$y=-(x-5-2)^2+9-6=-(x-7)^2+3$
꼭짓점의 좌표 : $(7, 3)$

10 $y=-2(x+7)^2-11$의 그래프를 x축의 방향으로 p만큼, y축의 방향으로 q만큼 평행이동한 그래프를 나타내는 이차함수의 식은
$y=-2(x+7-p)^2-11+q$
이 그래프가 $y=-2x^2$의 그래프와 일치하므로
$7-p=0$, $-11+q=0$
따라서 $p=7$, $q=11$이므로 $p-q=7-11=-4$

11 $y=a(x-2)^2$의 그래프를 x축의 방향으로 5만큼 평행이동한 그래프를 나타내는 이차함수의 식은
$y=a(x-2-5)^2=a(x-7)^2$
이 그래프가 점 $(-1, 8)$을 지나므로
$8=a(-1-7)^2 \quad \therefore a=\frac{1}{8}$

12 $y=4(x-3)^2+7$의 그래프를 x축의 방향으로 p만큼, y축의 방향으로 q만큼 평행이동한 그래프를 나타내는 이차함수의 식은
$y=4(x-3-p)^2+7+q$
이 그래프가 $y=4(x-1)^2-2$의 그래프와 일치하므로
$-3-p=-1$, $7+q=-2$
따라서 $p=-2$, $q=-9$이므로 $p+q=-2-9=-11$

TEST 06 082~083쪽

01 ② $y=3x+2$ ➡ 일차함수
④ $y=(x-3)^2-x$
$=x^2-6x+9-x$
$=x^2-7x+9$
➡ 이차함수
따라서 이차함수가 아닌 것은 ②이다.

02 그래프의 폭이 넓을수록 a의 절댓값이 작으므로 a의 값이 작은 것부터 차례대로 쓰면 ㉢, ㉠, ㉡이다.

03 $y=ax^2$의 그래프에서 $a>0$이면 아래로 볼록한 그래프이다. 따라서 아래로 볼록한 그래프는 ㉠, ㉤, ㉥이다.

04 x^2의 계수의 절댓값이 클수록 그래프의 폭이 좁아지므로 그래프의 폭이 가장 좁은 것은 ㉤이다.

05 x^2의 계수가 음수이면 $x>0$일 때, x의 값이 증가하면 y의 값은 감소하므로 구하는 그래프는 ㉡, ㉢, ㉣이다.

06 ① $\frac{3}{2}\neq-\frac{3}{2}\times1^2$
② $3\neq-\frac{3}{2}\times2^2$
③ $-\frac{3}{2}=-\frac{3}{2}\times(-1)^2$
④ $9\neq-\frac{3}{2}\times(-4)^2$
⑤ $6\neq-\frac{3}{2}\times(-2)^2$
따라서 이차함수 $y=-\frac{3}{2}x^2$의 그래프가 지나는 점은 ③이다.

07 $y=ax^2$에 $x=3$, $y=-3$을 대입하면
$-3=a\times3^2 \quad \therefore a=-\frac{1}{3}$

08 $f(x)=ax^2$으로 놓으면
$y=f(x)$의 그래프가 점 $(-4, -3)$을 지나므로
$-3=a\times(-4)^2 \quad \therefore a=-\frac{3}{16}$
따라서 $f(x)=-\frac{3}{16}x^2$이므로
$f(-8)=-\frac{3}{16}\times(-8)^2=-12$

13 $y=-2x^2$의 그래프를 y축의 방향으로 -3만큼 평행이동한 그래프의 식은 $y=-2x^2-3$
$x=-1$, $y=k$를 $y=-2x^2-3$에 대입하면
$k=-2\times(-1)^2-3=-5$

14 $y=4x^2$의 그래프를 x축의 방향으로 2만큼 평행이동한 그래프의 식은 $y=4(x-2)^2$
$x=-3$, $y=k$를 $y=4(x-2)^2$에 대입하면
$k=4(-3-2)^2=100$

15 $y=ax^2$의 그래프에서 $a<0$이면 위로 볼록한 그래프이므로 ㉠, ㉡이다.

16 x^2의 계수의 절댓값이 작을수록 그래프의 폭이 넓어지므로 x^2의 계수의 절댓값의 크기를 비교하면
$\left|-\frac{1}{3}\right|<|1|<|-5|<|7|$
따라서 그래프의 폭이 넓은 것부터 차례대로 쓰면 ㉠, ㉣, ㉡, ㉢이다.

18 ④ 축의 방정식은 $x=-3$이다.
⑤ 그래프는 다음 그림과 같으므로 제3사분면과 제4사분면을 지난다.

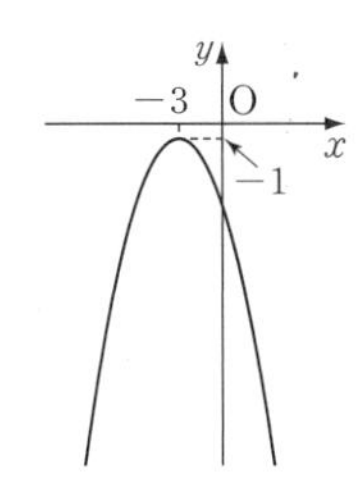

따라서 옳지 않은 것은 ④이다.

19 그래프가 위로 볼록하므로 $a<0$
꼭짓점이 제2사분면 위에 있으므로 $p<0$, $q>0$

20 $y=3(x+2)^2-6$의 그래프를 x축의 방향으로 p만큼, y축의 방향으로 q만큼 평행이동한 그래프를 나타내는 이차함수의 식은
$y=3(x+2-p)^2-6+q$
이 그래프가 $y=3(x-1)^2+4$의 그래프와 일치하므로
$2-p=-1$, $-6+q=4$
따라서 $p=3$, $q=10$이므로
$p+q=3+10=13$

Chapter Ⅶ 이차함수의 그래프 (2)

ACT 30 088~089쪽

03 $y=x^2+2x-7$
$=(x^2+2x+1-1)-7$
$=(x+1)^2-8$

04 $y=-3x^2-12x+5$
$=-3(x^2+4x)+5$
$=-3(x^2+4x+4-4)+5$
$=-3(x+2)^2+17$

05 $y=\frac{1}{4}x^2-x+\frac{1}{2}$
$=\frac{1}{4}(x^2-4x)+\frac{1}{2}$
$=\frac{1}{4}(x^2-4x+4-4)+\frac{1}{2}$
$=\frac{1}{4}(x-2)^2-\frac{1}{2}$

06 $y=x^2-4x-3$
$=(x^2-4x+4-4)-3$
$=(x-2)^2-7$

07 $y=2x^2+12x$
$=2(x^2+6x)$
$=2(x^2+6x+9-9)$
$=2(x+3)^2-18$

08 $y=-5x^2+10x+1$
$=-5(x^2-2x)+1$
$=-5(x^2-2x+1-1)+1$
$=-5(x-1)^2+6$

09 $y=-\frac{1}{2}x^2+3x+\frac{5}{2}$
$=-\frac{1}{2}(x^2-6x)+\frac{5}{2}$
$=-\frac{1}{2}(x^2-6x+9-9)+\frac{5}{2}$
$=-\frac{1}{2}(x-3)^2+7$

11 $y=(x-3)(x+7)$에 $y=0$을 대입하면
$(x-3)(x+7)=0$
$\therefore x=3$ 또는 $x=-7$
따라서 x축과의 교점의 좌표는
$(3, 0)$, $(-7, 0)$이다.

12 $y=-2x^2-4x+6$에 $y=0$을 대입하면
$-2x^2-4x+6=0$
$x^2+2x-3=0$
$(x+3)(x-1)=0$
$\therefore x=-3$ 또는 $x=1$
따라서 x축과의 교점의 좌표는
$(-3, 0)$, $(1, 0)$이다.

13 $y=4x^2-4x-15$에 $y=0$을 대입하면
$4x^2-4x-15=0$
$(2x+3)(2x-5)=0$
$\therefore x=-\frac{3}{2}$ 또는 $x=\frac{5}{2}$
따라서 x축과의 교점의 좌표는
$\left(-\frac{3}{2}, 0\right)$, $\left(\frac{5}{2}, 0\right)$이다.

14 $y=x^2+6x-4$
$=(x^2+6x+9-9)-4$
$=(x+3)^2-13$
축의 방정식은 $x=-3$이므로 $a=-3$
꼭짓점의 좌표는 $(-3, -13)$이므로 $p=-3$, $q=-13$
$\therefore a+p-q=-3-3-(-13)=7$

ACT 31 090~091쪽

01 $y=x^2+4x+3$
$=(x^2+4x+4-4)+3$
$=(x+2)^2-1$

02 $y=-2x^2+8x-3$
$=-2(x^2-4x)-3$
$=-2(x^2-4x+4-4)-3$
$=-2(x-2)^2+5$

03 $y=\frac{1}{2}x^2+4x+7$
$=\frac{1}{2}(x^2+8x)+7$
$=\frac{1}{2}(x^2+8x+16-16)+7$
$=\frac{1}{2}(x+4)^2-1$

04 $y=-\frac{1}{3}x^2+2x-5$
$=-\frac{1}{3}(x^2-6x)-5$
$=-\frac{1}{3}(x^2-6x+9-9)-5$
$=-\frac{1}{3}(x-3)^2-2$

05 $y=3x^2-6x+4$
$=3(x^2-2x)+4$
$=3(x^2-2x+1-1)+4$
$=3(x-1)^2+1$

06 $y=-x^2-4x+2$
$=-(x^2+4x)+2$
$=-(x^2+4x+4-4)+2$
$=-(x+2)^2+6$

07 $y=\frac{1}{3}x^2+2x-1$
$=\frac{1}{3}(x^2+6x)-1$
$=\frac{1}{3}(x^2+6x+9-9)-1$
$=\frac{1}{3}(x+3)^2-4$

08 $y=\frac{1}{2}x^2-3x-\frac{3}{2}$
$=\frac{1}{2}(x^2-6x+9-9)-\frac{3}{2}$
$=\frac{1}{2}(x-3)^2-6$
꼭짓점의 좌표는 $(3, -6)$, y축과의 교점의 좌표는 $\left(0, -\frac{3}{2}\right)$이므로 그래프는 ③이다.

ACT 32 092~093쪽

02 그래프가 아래로 볼록하므로 $a>0$
축이 y축의 오른쪽에 있으므로 $ab<0$ $\therefore b<0$
y축과의 교점이 x축보다 아래쪽에 있으므로 $c<0$

04 그래프가 위로 볼록하므로 $a<0$
축이 y축의 오른쪽에 있으므로 $ab<0$ $\therefore b>0$
y축과의 교점이 x축보다 아래쪽에 있으므로 $c<0$

05 그래프가 위로 볼록하므로 $a<0$
축이 y축의 왼쪽에 있으므로 $ab>0$ $\therefore b<0$
y축과의 교점이 x축보다 아래쪽에 있으므로 $c<0$

06 그래프가 아래로 볼록하므로 $a>0$
축이 y축의 왼쪽에 있으므로 $ab>0$ $\therefore b>0$
y축과의 교점이 x축보다 위쪽에 있으므로 $c>0$

07 그래프가 위로 볼록하므로 $a<0$
축이 y축의 왼쪽에 있으므로 $ab>0$ $\therefore b<0$
y축과의 교점이 x축보다 위쪽에 있으므로 $c>0$

08 그래프가 아래로 볼록하므로 $a>0$
축이 y축의 오른쪽에 있으므로 $ab<0$ $\therefore b<0$
y축과의 교점이 x축보다 위쪽에 있으므로 $c>0$

12 그래프가 위로 볼록하므로 $a<0$
① 축이 y축의 왼쪽에 있으므로 $ab>0$ $\therefore b<0$
y축과의 교점이 x축보다 위쪽에 있으므로 $c>0$
② $ac<0$
③ $bc<0$
④ $x=1$일 때, $a+b+c<0$
⑤ $x=-1$일 때, $a-b+c>0$
따라서 옳은 것은 ⑤이다.

ACT+ 33 094~095쪽

01 x^2의 계수가 양수, 축의 방정식이 $x=3$이므로 $x<3$에서 x의 값이 증가할 때 y의 값은 감소한다.

02 x^2의 계수가 음수, 축의 방정식이 $x=-1$이므로 $x<-1$에서 x의 값이 증가할 때 y의 값도 증가한다.

03 $y=\frac{2}{3}x^2$의 그래프를 x축의 방향으로 5만큼, y축의 방향으로 2만큼 평행이동한 그래프의 식은 $y=\frac{2}{3}(x-5)^2+2$
즉, x^2의 계수가 양수, 축의 방정식이 $x=5$이므로 $x>5$에서 x의 값이 증가할 때 y의 값도 증가한다.

04 $y=2x^2+8x-3$
$=2(x^2+4x)-3$
$=2(x^2+4x+4-4)-3$
$=2(x+2)^2-11$
즉, x^2의 계수가 양수, 축의 방정식이 $x=-2$이므로 $x>-2$에서 x의 값이 증가할 때 y의 값도 증가한다.

05 $y=-\frac{1}{5}x^2-2x+2$
$=-\frac{1}{5}(x^2+10x)+2$
$=-\frac{1}{5}(x^2+10x+25-25)+2$
$=-\frac{1}{5}(x+5)^2+7$
즉, x^2의 계수가 음수, 축의 방정식이 $x=-5$이므로 $x>-5$에서 x의 값이 증가할 때 y의 값은 감소한다.

06 $y=-x^2+3kx-8$에 $x=1$, $y=3$을 대입하면
$3=-1+3k-8$, $3k=12$ $\quad\therefore k=4$
$\therefore y=-x^2+12x-8$
$=-(x^2-12x)-8$
$=-(x^2-12x+36-36)-8$
$=-(x-6)^2+28$
즉, x^2의 계수가 음수, 축의 방정식이 $x=6$이므로 $x<6$에서 x의 값이 증가할 때 y의 값도 증가한다.

07 $y=x^2-2x+7$
$=(x^2-2x+1-1)+7$
$=(x-1)^2+6$
이 그래프를 x축의 방향으로 3만큼, y축의 방향으로 -1만큼 평행이동한 그래프의 식은
$y=(x-1-3)^2+6-1=(x-4)^2+5$
따라서 축의 방정식은 $x=4$이다.

08 $y=-3x^2-6x-10$
$=-3(x^2+2x)-10$
$=-3(x^2+2x+1-1)-10$
$=-3(x+1)^2-7$
이 그래프를 x축의 방향으로 a만큼, y축의 방향으로 b만큼 평행이동한 그래프의 식은 $y=-3(x+1-a)^2-7+b$
이때
$y=-3x^2-12x-1$
$=-3(x^2+4x)-1$
$=-3(x^2+4x+4-4)-1$
$=-3(x+2)^2+11$
이므로 $1-a=2$, $-7+b=11$에서 $a=-1$, $b=18$
$\therefore a+b=-1+18=17$

09 $y=\frac{1}{2}x^2-4x+9=\frac{1}{2}(x^2-8x)+9$
$=\frac{1}{2}(x^2-8x+16-16)+9$
$=\frac{1}{2}(x-4)^2+1$
이 그래프를 x축의 방향으로 -4만큼, y축의 방향으로 1만큼 평행이동한 그래프의 식은
$y=\frac{1}{2}(x-4+4)^2+1+1=\frac{1}{2}x^2+2$
$y=\frac{1}{2}x^2+2$에 $x=2$, $y=k$를 대입하면
$k=\frac{1}{2}\times 2^2+2=4$

10 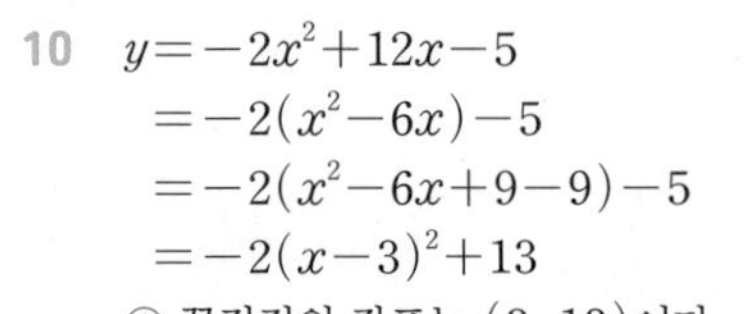
$y=-2x^2+12x-5$
$=-2(x^2-6x)-5$
$=-2(x^2-6x+9-9)-5$
$=-2(x-3)^2+13$
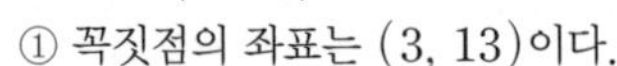
① 꼭짓점의 좌표는 (3, 13)이다.
③ x축과 두 점에서 만난다.
④ $x<3$일 때, x의 값이 증가하면 y의 값도 증가한다.
⑤ 제2사분면을 지나지 않는다.
따라서 옳은 것은 ②이다.

11 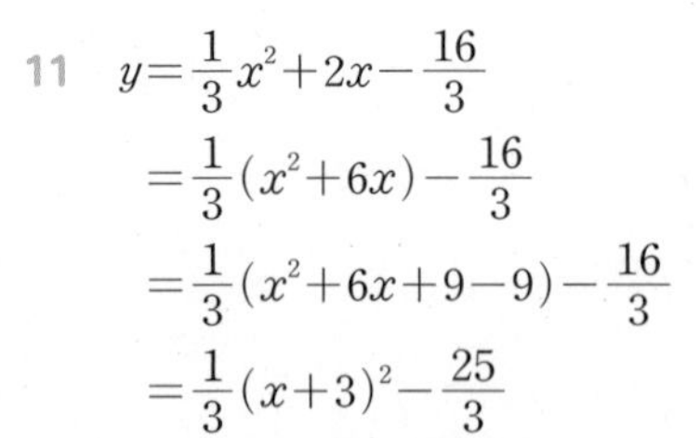
$y=\frac{1}{3}x^2+2x-\frac{16}{3}$
$=\frac{1}{3}(x^2+6x)-\frac{16}{3}$
$=\frac{1}{3}(x^2+6x+9-9)-\frac{16}{3}$
$=\frac{1}{3}(x+3)^2-\frac{25}{3}$
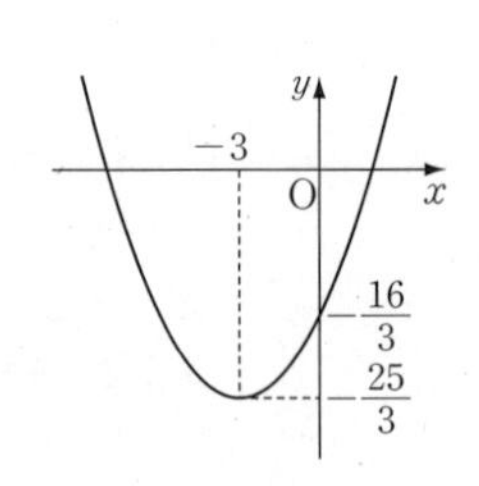

ⓛ 모든 사분면을 지난다.
ⓒ y축과의 교점의 좌표는 $\left(0, -\frac{16}{3}\right)$이다.
ⓡ $y=0$을 대입하면
$\frac{1}{3}x^2+2x-\frac{16}{3}=0$, $x^2+6x-16=0$
$(x-2)(x+8)=0$ $\quad\therefore x=2$ 또는 $x=-8$
즉, x축과의 교점의 좌표는 (2, 0), (−8, 0)이다.
따라서 옳은 것은 ㉠, ㉣이다.

ACT 34 096~097쪽

02 꼭짓점의 좌표가 (1, 2)이므로 이차함수의 식을 $y=a(x-1)^2+2$로 놓고
이 식에 $x=0$, $y=4$를 대입하면
$4=a(0-1)^2+2$ $\quad\therefore a=2$
$\therefore y=2(x-1)^2+2$

03 꼭짓점의 좌표가 (−2, 6)이므로 이차함수의 식을 $y=a(x+2)^2+6$으로 놓고
이 식에 $x=-1$, $y=3$을 대입하면
$3=a(-1+2)^2+6$ $\quad\therefore a=-3$
$\therefore y=-3(x+2)^2+6$

04 꼭짓점의 좌표가 (−2, 2)이므로 이차함수의 식을 $y=a(x+2)^2+2$로 놓고
이 식에 $x=0$, $y=1$을 대입하면
$1=a(0+2)^2+2$ $\quad\therefore a=-\frac{1}{4}$
$\therefore y=-\frac{1}{4}(x+2)^2+2$

05 꼭짓점의 좌표가 (3, 1)이므로 이차함수의 식을 $y=a(x-3)^2+1$로 놓고
이 식에 $x=2$, $y=4$를 대입하면
$4=a(2-3)^2+1$ $\therefore a=3$
$\therefore y=3(x-3)^2+1$

06 꼭짓점의 좌표가 (−1, −5)이므로 이차함수의 식을 $y=a(x+1)^2-5$로 놓고
이 식에 $x=-4$, $y=4$를 대입하면
$4=a(-4+1)^2-5$ $\therefore a=1$
$\therefore y=(x+1)^2-5$

08 축의 방정식이 $x=-2$이므로 이차함수의 식을 $y=a(x+2)^2+q$로 놓고
이 식에 $x=0$, $y=5$를 대입하면
$5=4a+q$ …… ㉠
$x=-1$, $y=-4$를 대입하면
$-4=a+q$ …… ㉡
㉠, ㉡을 연립하여 풀면 $a=3$, $q=-7$
$\therefore y=3(x+2)^2-7$

09 축의 방정식이 $x=-4$이므로 이차함수의 식을 $y=a(x+4)^2+q$로 놓고
이 식에 $x=-2$, $y=-1$을 대입하면
$-1=4a+q$ …… ㉠
$x=1$, $y=-22$를 대입하면
$-22=25a+q$ …… ㉡
㉠, ㉡을 연립하여 풀면 $a=-1$, $q=3$
$\therefore y=-(x+4)^2+3$

10 축의 방정식이 $x=-2$이므로 이차함수의 식을 $y=a(x+2)^2+q$로 놓고
이 식에 $x=0$, $y=-2$를 대입하면
$-2=4a+q$ …… ㉠
$x=-3$, $y=4$를 대입하면
$4=a+q$ …… ㉡
㉠, ㉡을 연립하여 풀면 $a=-2$, $q=6$
$\therefore y=-2(x+2)^2+6$

11 축의 방정식이 $x=1$이므로 이차함수의 식을 $y=a(x-1)^2+q$로 놓고
이 식에 $x=3$, $y=-1$을 대입하면
$-1=4a+q$ …… ㉠
$x=-3$, $y=5$를 대입하면
$5=16a+q$ …… ㉡
㉠, ㉡을 연립하여 풀면 $a=\frac{1}{2}$, $q=-3$
$\therefore y=\frac{1}{2}(x-1)^2-3$

12 축의 방정식이 $x=3$이므로 이차함수의 식을 $y=a(x-3)^2+q$로 놓고
이 식에 $x=1$, $y=5$를 대입하면
$5=4a+q$ …… ㉠
$x=2$, $y=2$를 대입하면
$2=a+q$ …… ㉡
㉠, ㉡을 연립하여 풀면 $a=1$, $q=1$
$\therefore y=(x-3)^2+1$

ACT 35 098~099쪽

02 y절편이 3이므로 이차함수의 식을 $y=ax^2+bx+3$으로 놓고
이 식에 $x=-1$, $y=8$을 대입하면
$8=a-b+3$에서
$a-b=5$ …… ㉠
$x=1$, $y=0$을 대입하면
$0=a+b+3$에서
$a+b=-3$ …… ㉡
㉠, ㉡을 연립하여 풀면 $a=1$, $b=-4$
$\therefore y=x^2-4x+3$

03 y절편이 −4이므로 이차함수의 식을 $y=ax^2+bx-4$로 놓고
이 식에 $x=-1$, $y=-2$를 대입하면
$-2=a-b-4$에서
$a-b=2$ …… ㉠
$x=2$, $y=10$을 대입하면
$10=4a+2b-4$에서
$2a+b=7$ …… ㉡
㉠, ㉡을 연립하여 풀면 $a=3$, $b=1$
$\therefore y=3x^2+x-4$

04 y절편이 3이므로 이차함수의 식을 $y=ax^2+bx+3$으로 놓고
이 식에 $x=2$, $y=0$을 대입하면
$0=4a+2b+3$에서
$4a+2b=-3$ …… ㉠
$x=4$, $y=-5$를 대입하면
$-5=16a+4b+3$에서
$4a+b=-2$ …… ㉡
㉠, ㉡을 연립하여 풀면 $a=-\frac{1}{4}$, $b=-1$
$\therefore y=-\frac{1}{4}x^2-x+3$

05 y절편이 -5이므로 이차함수의 식을
$y=ax^2+bx-5$로 놓고
이 식에 $x=1$, $y=1$을 대입하면
$1=a+b-5$에서 $a+b=6$ …… ㉠
$x=-3$, $y=1$을 대입하면
$1=9a-3b-5$에서 $3a-b=2$ …… ㉡
㉠, ㉡을 연립하여 풀면 $a=2$, $b=4$
$\therefore y=2x^2+4x-5$

06 y절편이 4이므로 이차함수의 식을
$y=ax^2+bx+4$로 놓고
이 식에 $x=2$, $y=-4$를 대입하면
$-4=4a+2b+4$에서 $2a+b=-4$ …… ㉠
$x=-1$, $y=-1$을 대입하면
$-1=a-b+4$에서 $a-b=-5$ …… ㉡
㉠, ㉡을 연립하여 풀면 $a=-3$, $b=2$
$\therefore y=-3x^2+2x+4$

08 그래프가 두 점 $(-2, 0)$, $(1, 0)$을 지나므로 이차함수의 식을 $y=a(x+2)(x-1)$로 놓고
이 식에 $x=2$, $y=8$을 대입하면
$8=a(2+2)(2-1)$, $4a=8$ $\therefore a=2$
$\therefore y=2(x+2)(x-1)=2x^2+2x-4$

09 그래프가 두 점 $(1, 0)$, $(4, 0)$을 지나므로 이차함수의 식을
$y=a(x-1)(x-4)$로 놓고
이 식에 $x=3$, $y=2$를 대입하면
$2=a(3-1)(3-4)$, $-2a=2$ $\therefore a=-1$
$\therefore y=-(x-1)(x-4)=-x^2+5x-4$

10 그래프가 두 점 $(-5, 0)$, $(1, 0)$을 지나므로 이차함수의 식을 $y=a(x+5)(x-1)$로 놓고
이 식에 $x=0$, $y=5$를 대입하면
$5=a(0+5)(0-1)$, $-5a=5$ $\therefore a=-1$
$\therefore y=-(x+5)(x-1)=-x^2-4x+5$

11 그래프가 두 점 $(-2, 0)$, $(3, 0)$을 지나므로 이차함수의 식을 $y=a(x+2)(x-3)$으로 놓고
이 식에 $x=0$, $y=-2$를 대입하면
$-2=a(0+2)(0-3)$, $-6a=-2$ $\therefore a=\frac{1}{3}$
$\therefore y=\frac{1}{3}(x+2)(x-3)=\frac{1}{3}x^2-\frac{1}{3}x-2$

12 그래프가 두 점 $(-1, 0)$, $(3, 0)$을 지나므로 이차함수의 식을 $y=a(x+1)(x-3)$으로 놓고
이 식에 $x=4$, $y=5$를 대입하면
$5=a(4+1)(4-3)$, $5a=5$ $\therefore a=1$
$\therefore y=(x+1)(x-3)=x^2-2x-3$

100~101쪽

01 (1) $y=-5x^2+30x+35$
$=-5(x^2-6x)+35$
$=-5(x^2-6x+9-9)+35$
$=-5(x-3)^2+80$
(3) $y=-5x^2+30x+35$에 $y=0$을 대입하면
$-5x^2+30x+35=0$
$x^2-6x-7=0$
$(x-7)(x+1)=0$ $\therefore x=7$ ($\because x>0$)
따라서 공을 쏘아 올린 지 7초 후에 지면에 떨어진다.
(4) $y=-5x^2+30x+35$에 $y=60$을 대입하면
$-5x^2+30x+35=60$
$x^2-6x+5=0$
$(x-1)(x-5)=0$ $\therefore x=1$ 또는 $x=5$
따라서 공을 쏘아 올린 지 1초 후 또는 5초 후에 공의 높이가 60 m가 된다.

02 (2) $y=(20-x)(20+2x)$
$=-2x^2+20x+400$
(3) $y=-2x^2+20x+400$에 $y=450$을 대입하면
$-2x^2+20x+400=450$
$x^2-10x+25=0$
$(x-5)^2=0$ $\therefore x=5$
따라서 가로의 길이는 $20-5=15$ (cm)이다.

03 (1) 직사각형의 둘레의 길이가 40이므로 가로의 길이가 x이면 세로의 길이는 $20-x$이다.
$\therefore y=x(20-x)=-x^2+20x$
(2) $y=-x^2+20x$에 $y=100$을 대입하면
$-x^2+20x=100$
$x^2-20x+100=0$
$(x-10)^2=0$ $\therefore x=10$
따라서 세로의 길이는 $20-10=10$이다.

04 (2) $y=-x^2+3x+4$에 $y=0$을 대입하면
$-x^2+3x+4=0$
$x^2-3x-4=0$
$(x+1)(x-4)=0$ $\therefore x=-1$ 또는 $x=4$
$\therefore$ B$(-1, 0)$, C$(4, 0)$
(3) $\overline{BC}=4-(-1)=5$
(4) $\triangle ABC=\frac{1}{2}\times5\times4=10$

05 $y=-x^2-4x+5$
$=-(x^2+4x)+5$
$=-(x^2+4x+4-4)+5$
$=-(x+2)^2+9$
$\therefore$ A$(-2, 9)$

$y=-x^2-4x+5$에 $y=0$을 대입하면
$-x^2-4x+5=0$
$x^2+4x-5=0$
$(x+5)(x-1)=0 \quad \therefore x=-5$ 또는 $x=1$
따라서 $B(-5, 0)$, $C(1, 0)$이므로
$\overline{BC}=1-(-5)=6$
$\therefore \triangle ABC=\frac{1}{2}\times 6\times 9=27$

06 $y=x^2+6x-16$에 $x=0$을 대입하면 $y=-16$
$\therefore C(0, -16)$
$y=x^2+6x-16$에 $y=0$을 대입하면
$x^2+6x-16=0$
$(x+8)(x-2)=0 \quad \therefore x=-8$ 또는 $x=2$
따라서 $A(-8, 0)$, $B(2, 0)$이므로
$\overline{AB}=2-(-8)=10$
$\therefore \triangle ABC=\frac{1}{2}\times 10\times 16=80$

07 $y=-x^2+4x+6$
$=-(x^2-4x)+6$
$=-(x^2-4x+4-4)+6$
$=-(x-2)^2+10$
$\therefore A(2, 10)$
$y=-x^2+4x+6$에 $x=0$을 대입하면 $y=6$
$\therefore B(0, 6)$
$\therefore \triangle OAB=\frac{1}{2}\times 6\times 2=6$

TEST 07

102~103쪽

01 $y=x^2-2x-9$
$=(x^2-2x+1-1)-9$
$=(x-1)^2-10$

02 $y=-2x^2+8x-3$
$=-2(x^2-4x)-3$
$=-2(x^2-4x+4-4)-3$
$=-2(x-2)^2+5$

03 $y=x^2+4x+7$
$=(x^2+4x+4-4)+7$
$=(x+2)^2+3$

04 $y=-3x^2+18x+2$
$=-3(x^2-6x)+2$
$=-3(x^2-6x+9-9)+2$
$=-3(x-3)^2+29$

05 $y=2x^2-2x-12$에 $y=0$을 대입하면
$2x^2-2x-12=0$, $x^2-x-6=0$
$(x-3)(x+2)=0$
$\therefore x=3$ 또는 $x=-2$
따라서 x축과 만나는 점의 좌표는 $(3, 0)$, $(-2, 0)$이다.

06 $y=-3x^2-11x+4$에 $y=0$을 대입하면
$-3x^2-11x+4=0$, $3x^2+11x-4=0$
$(3x-1)(x+4)=0$
$\therefore x=\frac{1}{3}$ 또는 $x=-4$
따라서 x축과 만나는 점의 좌표는 $\left(\frac{1}{3}, 0\right)$, $(-4, 0)$이다.

07 $y=\frac{1}{2}x^2+2x-5$
$=\frac{1}{2}(x^2+4x)-5$
$=\frac{1}{2}(x^2+4x+4-4)-5$
$=\frac{1}{2}(x+2)^2-7$
따라서 꼭짓점의 좌표는 $(-2, -7)$이고 y축과의 교점의 좌표는 $(0, -5)$이므로 그래프를 그리면 다음 그림과 같다.

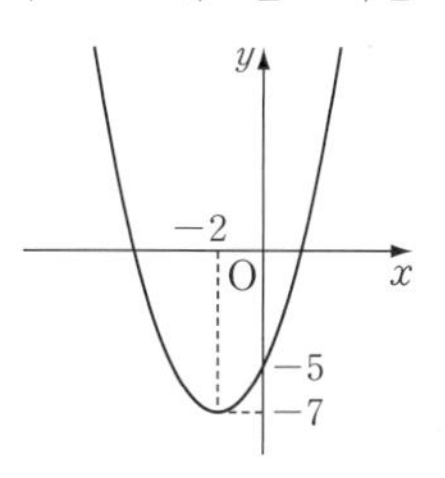

08 그래프가 위로 볼록하므로 $a<0$
축이 y축의 오른쪽에 있으므로 $ab<0 \quad \therefore b>0$
y축과의 교점이 x축보다 아래쪽에 있으므로 $c<0$

09 그래프가 아래로 볼록하므로 $a>0$
축이 y축의 왼쪽에 있으므로 $ab>0 \quad \therefore b>0$
y축과의 교점이 x축보다 위쪽에 있으므로 $c>0$

10 $y=-2x^2+4x-9$
$=-2(x^2-2x)-9$
$=-2(x^2-2x+1-1)-9$
$=-2(x-1)^2-7$
즉, x^2의 계수가 음수, 축의 방정식이 $x=1$이므로 $x<1$에서 x의 값이 증가할 때 y의 값도 증가한다.

11 $y=4x^2+8x-3$
$=4(x^2+2x)-3$
$=4(x^2+2x+1-1)-3$
$=4(x+1)^2-7$
이 그래프를 x축의 방향으로 a만큼, y축의 방향으로 b만큼 평행이동한 그래프의 식은
$y=4(x+1-a)^2-7+b$

이때

$y=4x^2-8x+5$
$=4(x^2-2x)+5$
$=4(x^2-2x+1-1)+5$
$=4(x-1)^2+1$

이므로 $1-a=-1$, $-7+b=1$에서 $a=2$, $b=8$

$\therefore a+b=2+8=10$

12 $y=\frac{1}{4}x^2-2x+3$
$=\frac{1}{4}(x^2-8x)+3$
$=\frac{1}{4}(x^2-8x+16-16)+3$
$=\frac{1}{4}(x-4)^2-1$

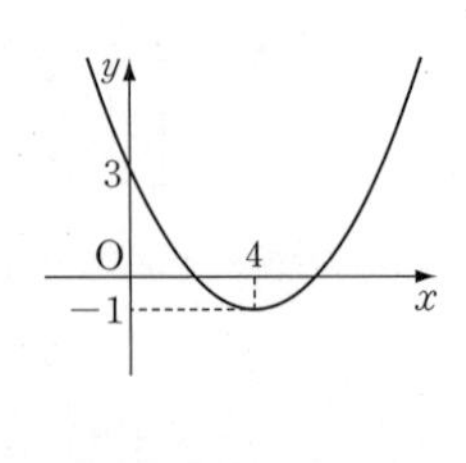

② $y=\frac{1}{4}x^2-2x+3$에 $x=2$, $y=2$를 대입하면

$2\neq\frac{1}{4}\times2^2-2\times2+3$

따라서 옳지 않은 것은 ②이다.

13 꼭짓점의 좌표가 $(2,\ -3)$이므로 이차함수의 식을 $y=a(x-2)^2-3$으로 놓고
이 식에 $x=0$, $y=5$를 대입하면
$5=a(0-2)^2-3$, $4a=8$ $\quad\therefore a=2$
$\therefore y=2(x-2)^2-3$

14 축의 방정식이 $x=-3$이므로 이차함수의 식을 $y=a(x+3)^2+q$로 놓고
이 식에 $x=1$, $y=-12$를 대입하면
$-12=16a+q$ ...... ㉠
$x=-2$, $y=3$을 대입하면
$3=a+q$ ...... ㉡
㉠, ㉡을 연립하여 풀면 $a=-1$, $q=4$
$\therefore y=-(x+3)^2+4$

15 y절편이 6이므로 이차함수의 식을 $y=ax^2+bx+6$으로 놓고
이 식에 $x=-1$, $y=10$을 대입하면
$10=a-b+6$에서
$a-b=4$ ...... ㉠
$x=2$, $y=4$를 대입하면
$4=4a+2b+6$에서
$2a+b=-1$ ...... ㉡
㉠, ㉡을 연립하여 풀면 $a=1$, $b=-3$
$\therefore y=x^2-3x+6$

16 그래프가 두 점 $(-1,\ 0)$, $(-4,\ 0)$을 지나므로 이차함수의 식을 $y=a(x+1)(x+4)$로 놓고
이 식에 $x=-2$, $y=2$를 대입하면
$2=a(-2+1)(-2+4)$, $2=-2a$ $\quad\therefore a=-1$
$\therefore y=-(x+1)(x+4)$
$=-x^2-5x-4$

17 꼭짓점의 좌표가 $(3,\ -5)$이므로 이차함수의 식을 $y=a(x-3)^2-5$로 놓고
이 식에 $x=0$, $y=-2$를 대입하면
$-2=a(0-3)^2-5$ $\quad\therefore a=\frac{1}{3}$
$\therefore y=\frac{1}{3}(x-3)^2-5$

18 그래프가 두 점 $(-4,\ 0)$, $(2,\ 0)$을 지나므로 이차함수의 식을 $y=a(x+4)(x-2)$로 놓고
이 식에 $x=0$, $y=8$을 대입하면
$8=a(0+4)(0-2)$
$-8a=8$ $\quad\therefore a=-1$
$\therefore y=-(x+4)(x-2)$
$=-x^2-2x+8$

19 직사각형의 둘레의 길이가 60이므로 세로의 길이가 x이면 가로의 길이는 $30-x$이다.
$\therefore y=x(30-x)$
$=-x^2+30x$
$y=-x^2+30x$에 $y=225$를 대입하면
$-x^2+30x=225$
$x^2-30x+225=0$
$(x-15)^2=0$ $\quad\therefore x=15$
따라서 세로의 길이는 15이다.

20 $y=x^2-2x-3$에 $y=0$을 대입하면
$x^2-2x-3=0$
$(x+1)(x-3)=0$
$\therefore x=-1$ 또는 $x=3$
따라서 $A(-1,\ 0)$, $B(3,\ 0)$
$\therefore \overline{AB}=3-(-1)=4$
$y=x^2-2x-3$
$=(x^2-2x+1-1)-3$
$=(x-1)^2-4$
$\therefore C(1,\ -4)$
$\therefore \triangle ABC=\frac{1}{2}\times4\times4=8$

Memo

Memo